新时代水利人才创新发展研究

陈茂山　王新跃　岳恒　唐晓虎　编著

中国水利水电出版社
www.waterpub.com.cn
·北京·

内 容 提 要

本书聚焦新时代水利人才创新发展，通过理论综述、政策梳理和实践总结，深入分析加快水利人才创新发展的现实必要性，并进行总体设计，条分缕析开展专题研究，资料翔实，内容丰富，具有系统完整、针对性强、可操作性强的特点，体现了理论性、实践性和指导性的统一，具有较高的参考价值。

本书内容包括：人才发展的理论、政策与实践探索，加快水利人才创新发展的实践基础，水利人才创新发展的总体设计，水利高层次创新人才培养研究，水利人才创新团队建设研究，水利高素质人才培养基地建设研究，服务“一带一路”水利国际化技术技能人才培养模式研究，水利高层次人才管理和交流服务平台建设和管理研究，水利人才创新发展基金建设研究，建议。

本书可作为水利人才工作的指导教材，也可供水利人事工作者阅读参考。

图书在版编目（CIP）数据

新时代水利人才创新发展研究 / 陈茂山等编著. -- 北京 : 中国水利水电出版社, 2021.5
ISBN 978-7-5226-0246-2

Ⅰ. ①新… Ⅱ. ①陈… Ⅲ. ①水利系统－人才培养－研究－中国 Ⅳ. ①F426.9

中国版本图书馆CIP数据核字(2021)第233600号

书 名	新时代水利人才创新发展研究 XINSHIDAI SHUILI RENCAI CHUANGXIN FAZHAN YANJIU
作 者	陈茂山 王新跃 岳 恒 唐晓虎 编著
出版发行	中国水利水电出版社 （北京市海淀区玉渊潭南路1号D座 100038） 网址：www.waterpub.com.cn E-mail：sales@waterpub.com.cn 电话：(010) 68367658（营销中心）
经 售	北京科水图书销售中心（零售） 电话：(010) 88383994、63202643、68545874 全国各地新华书店和相关出版物销售网点
排 版	中国水利水电出版社微机排版中心
印 刷	清淞永业（天津）印刷有限公司
规 格	184mm×260mm 16开本 8印张 195千字
版 次	2021年5月第1版 2021年5月第1次印刷
印 数	0001—1000册
定 价	**68.00**元

本书编写人员

编委会：侯京民　陈茂山　王新跃　余兴安
　　　　王　健　王清义　王济干　许　琰

主　编：陈茂山　王新跃　岳　恒　唐晓虎

副主编：陈　博　张新龙　王韶华　韩　宁

编写人员：张玉卓　郭利君　党晓军　宋宗翰
　　　　苏　梦　白红莉　柳学智　李学明
　　　　黄永春　樊传浩　马建琴　于文文
　　　　熊　怡　陶永霞

前言

习近平总书记多次强调，办好中国的事情，关键在党，关键在人，关键在人才；发展是第一要务，人才是第一资源，创新是第一动力；要加快实施人才强国战略，确立人才引领发展的战略地位。党的十九大报告明确提出，要培养造就一大批具有国际水平的战略科技人才、科技领军人才、青年科技人才和高水平创新团队。近年来，中央密集出台人才政策，推出系列重大部署，大力推进人才发展的体制机制改革，积极破除人才发展的制约因素，促进各类人才竞相迸发。

新时期，随着我国治水思路发生深刻转变，水利改革发展面临新的机遇和挑战，改革攻坚任务更加艰巨，这对水利工作提出了更高要求，也对水利人才工作提出了新要求，必须加快培养一批适应水利现代化建设事业高质量发展的高素质人才。当前，水利人才发展中的不平衡不充分问题日益突出，一方面水利高层次人才数量和质量难以满足解决新老水问题的现实需要，一些重大国家战略实施中的涉水重大命题和难题亟待攻克；另一方面，水利改革发展任务艰巨繁重，对人才的需求，尤其是高素质专业化人才、基层实用人才的需求非常迫切。

为破解水利改革发展中的人才短板，在水利部人事司的关心支持下，水利部发展研究中心于2018年先期开展了“新时代水利人才创新行动可行性研究”，2019年、2020年先后承担完成了“新时代水利人才创新行动研究”“新时代水利人才创新行动推进研究（2020年度）”课题，2021年继续承担了“新时代水利人才创新行动推进研究（2021年度）”课题。在课题研究过程中，我们邀请了中国人事科学研究院、河海大学、华北水利水电大学、中国水利教育协会、黄河水利职业技术学院等单位参与研究，就水利人才创新发展进行深入细致的专题研究，形成了系列有价值的研究成果。本书研究成果已经在水利部党组决策服务中发挥了重要作用。2019年4月，水利部党组印发《新时代水利人才发展创新行动方案（2019—2021年）》（水党〔2019〕41号），启动实施水利人才发展创新行动。

人才是推动水利事业发展的战略资源，我们将持续开展水利人才发展研究，不断推出创新成果，以期为水利人才工作提供更加坚实的决策支撑。

本书研究工作得到了水利部人事司的悉心指导和大力支持，以及有关专家学者的指导和帮助，在此一并表示感谢！

编　者

2021年3月

目录

前言

第一章
人才发展的理论、政策与实践探索

第一节　人才发展的理论综述

本节针对新时代我国人才工作面临的新形势新要求，以习近平总书记关于人才工作的重要论述为指导，从人才成长、人才培养和人才治理三个角度，梳理人才发展的重要理论，为高质量开展水利人才工作提供理论基础。

一、人才成长的重要规律

一是师承效应规律。师承效应，是指在人才教育培养过程中，通过老师的言传身教，学生的德识才学得到提高，从而在继承与创造过程中少走弯路，达到事半功倍的效果，有的还形成“师徒型人才链”。统计表明，一半以上的诺贝尔奖获得者曾师从名师，这部分获奖者比其他获奖者获奖时间平均提前 7 年。利用师承效应规律，建立“师徒带教”的培养模式，通过“以老带新”“以上带下”，发扬“传、帮、带”传统，能够促进新员工快速成长为骨干人才，形成良好的人才梯队格局。有学者认为，存在“双边对称选择”原理，即师徒双方在道德人品、学识学力与治学方略三个方面是需要对称的。能否产生师承效应，受多种因素的制约，如老师的主观意愿或学生的个人能力。

二是扬长避短规律。人各有所长，也各有所短，这种差别是由人的天赋素质、后天实践和兴趣爱好所形成的。历来成才者大多是扬其长而避其短的结果。对于管理人员来说，扬长避短组织员工做其最擅长最喜欢的事，有利于提高工作效率，能够在最短时间、最小投入的条件下取得最大的成效。反之，如果用短舍长，既难以把工作做好，又容易造成事倍功半的结果。充分发挥人才的创新效能，需要管理者充分发掘每个人才的闪光点，将合适的人才安排到恰当的岗位上，解决人才发展“不适用”问题，避免造成人才浪费。

三是最佳年龄规律。研究发现，从创造到成才有一个最佳的年龄段。我国学者梁立明等对 1500—1960 年全世界 1249 名杰出自然科学家和 1928 项重大科学成果进行统计分析，发现自然科学发明的最佳年龄区间是 25～45 岁，峰值为 37 岁。创造心理学研究发现，人青年时期主要依靠充沛的精力、活跃的思维和良好的学习能力，具备很强的创造力；随着年龄的增长，丰富的经验、突出的预见性以及策略性的综合思考能力逐渐在创造中发挥主要作用，从而弥补精力不足和思维水平下降的不利影响。同时，依专业领域的不同，最佳年龄区间会有所不同，特别是随着人类知识的进步，最佳年龄区间也会发生前移或后推的变化。总的来看，人才的成长都要经过继承期、创造期、成熟期和衰老期四个阶段，创造期是贡献社会的最重要时期。

四是共生效应规律。共生效应也叫群落效应，是指由于在区域上聚集的人才之间相互联系、相互影响、相互促进，并朝向共进化方向发展，人才的生长、涌现通常具有在某一地域、单位和群体相对集中的倾向，具体表现为“人才团”现象，即人才不是单个出现而是成团或成批出现。其特征是高能为核、人才团聚。主要包括三种情况：①地域效应，某一地区因为历史传统或其他原因，往往产生、汇集某一方面的大量人才，处在这个地域的人如果努力，会比其他地域的人更容易成才；②时代效应，不同历史年代有不同的需要，从而推动相应领域的人才大量产生；③团队效应，目标科学、结构合理、功能互补、人际关系融洽的团队，有利于一大批成员取得良好成就。共生效应的作用集中在四个方面：人才之间信息的共享、知识的学习、分工与协作以及相互之间的激励作用。

五是累积效应规律。人口资源、人力资源与人才资源呈一个逐层收缩的金字塔形，塔基为大多数居于生产一线的技术型实际操作人员，即中级人才或初级人才，塔顶则为少数高精尖研究人员、组织指挥人员，即高层次人才。建筑物的高度是与其基础的宽厚程度成正比的，人才队伍建设也是如此，高层次人才的生成数量取决于整个人才队伍的基数。累积效应规律启发我们，在建设人才队伍时，目光不能仅盯在高层次人才上，而要放眼人才队伍整体，注意人才队伍层次结构的协调，以高层次人才队伍建设为战略要点，推动整个人才队伍的健康发展。累积效应规律的运用会被一些因素制约，如在行业资源稀缺条件下，过量扩大人才队伍基数会导致行业产生资源缺乏现象。

六是综合效应规律。人才成功与发展离不开以下两个条件：①自身素质；②社会环境。前者决定其创造能力之大小，后者决定其创造能力发挥到什么程度。就人才环境优化而言，往往需要形成一种“综合效应”。如要创造人才辈出的良好环境，既要有人事管理体制改革，又要有经济体制、科技体制、教育体制以及社会保障制度等各方面的改革相配套；既要重视物力投资、设施设备等硬环境优化，又要重视学术氛围、社会风尚等软环境优化。英国的卡文迪许实验室100多年间先后产生30多个诺贝尔奖获得者，成为世界科学史上少有的人才辈出的研究机构。究其原因，除良好的科研条件外，就是在学术带头人选拔、学术交流、人才评价上很有特色，营造了有利于产生和聚集优秀人才的良好环境。

二、人力资本理论

人力资本理论认为，人力资本的激励有利于人力资本的形成，因此要提高人才的人力资本，可以采取激励措施激发人才的成长动机。适当的激励不仅有利于人才充分发挥其才能以实现自身价值，也有利于提高人才对组织的认同度，有助于解决人才“引不进、留不住、提升难”问题。

我国清华大学魏杰教授指出，人力资本需要有三种形式的激励。

第一，确立以经济利益为核心的激励机制。可采取几种方法：一是用拉开档次的方法将同样的总工资水平制造出最高工资来，并且高报酬者是不断变化的；二是人才的薪资高于或大致相当于同行业平均水平；三是对合理化建议和技术革新者提供报酬（使这一部分的收入占个体收入的相当比例）；四是实行福利沉淀制度，留住人才。

第二，人力资本的职位激励。如果组织能为人才提供不断学习、训练的机会，又能为其创造发展提供所必需的资源，能使其施展才能实现自身价值，这种环境就会有吸引力，就能换来队伍的稳定和忠诚。具体来说，组织可以采用工作轮换、内部公开招募制度，让专业人员接受多方面的锻炼，培养跨专业解决问题的能力，并发现最适合自己发展的工作岗位。另外，可引入职务设计技术，为重要的人才设计相关的具体工作任务，扬长避短，充分发挥人才作用。

第三，组织文化激励。文化的涵义是一种价值观念，和社会道德是同一范畴，属于组织制度的组成部分。组织要把“以人为本”理念落实到各项具体工作中，体现出对人才的尊重，才能赢得人才对组织的忠诚。要重视沟通与协调工作，促进竞争与合作、个性化与团队精神的结合。管理人员的任务在于为人才设置明确而稳定的工作目标，至于采用何种方式实现这一目标，应由个人自己决定。人才在解决问题方面所拥有的自主权能有效激发其内在动机，使其产生对组织的归属感，并最大限度利用所掌握的专业知识、技术和创造性思维从事工作。

三、人才生态系统理论

美国心理学家布朗芬布伦纳系统地将生态学的知识引入到人类行为研究中，提出了生态系统理论，生态系统理论强调环境作为一个复杂的系统对人的发展有重大影响，他认为发展的个体处在从直接环境到间接环境的几个环境系统中间或嵌套其中，并将生态系统划分为微系统、中系统、外系统以及宏系统，并引入时间系统，构成了生态系统理论的系统模型。

在此基础上，顾然等构建起一套基于生态系统理论的人才生态环境评价指标体系（表1-1），其目的在于通过生态环境优化，使资源得到充分利用，实现人才、群体、组织和环境系统的最大生态功能。

表1-1　人才生态环境评价指标体系表

一级指标	二级指标	三级指标
人才生态环境	微系统	人才素质
		领导者特质
	中系统	人际关系
	外系统	文化环境
		物质环境
		制度环境
	宏系统	自然环境
		经济环境
		生活环境
		人才发展环境
		人才保障环境
		人才市场环境

微系统处于生态系统的最里层，是人才活动的直接环境，领导者特质与人才素质的匹配能够为其创造出积极的双向关系。中系统是多个微系统环境之间的相互联系和彼此作用，是个体最直接接触的外在环境。外系统中文化环境的核心是组织精神和价值观，通过经营活动表现出来的行为影响人才对组织的认同感。制度环境是组织进行管理时要遵循的一种规则。物质环境是组织长期发展的结果，是组织吸引和稳定人才的核心竞争力。宏系统是包含人类生存的自然生态环境和社会生态环境的系统。良好的社会生态环境能够满足人才各种物质需求，增强人才在本地区生活、工作的满足感和幸福感，甚至让人才产生强烈的工作意愿和动力，不断激发潜力，提高自身素质和技能。

随着时间的推移，人才生态系统也在不断发生变化，这些变化常常成为人才职业发展中的动力或者阻力，即人才在职业生涯发展阶段中的每一个过渡点。根据职业生涯发展阶段理论，不同阶段的职业生涯具有不同的特征，要识别处在不同职业生涯发展阶段的人才特点和需求，及时完善人才成长所需的生态系统，从而解决人才问题。

四、人-职匹配理论

人-职匹配理论认为人的人格类型、兴趣与职业密切相关，每个人都有自己独特的能力模式和人格特征，每个人格特征的人都可以找到适合自己的职业，当个人的人格特征兴趣与职业相符时，可以调动个人的工作热情并激发其潜力，从而提高个人的工作满意度。如果匹配恰当，则个人特征与职业环境协调一致，工作效率和职业成功的可能性就大为提高，反之，工作效率和职业成功的可能性就很低。

人-职匹配理论强调个体在匹配中的支配地位和选择，重视个体的主观能动性，这为设置人才培养评估体系提供了参考。该理论给人才培养工作最大的启示在于要培养人才的能力、知识、技能、性格、气质和心理素质，增强人才的就业竞争力。这要求高校、企业和社会组织等通过改革，因地制宜对人才进行教育培养，促进个体具备社会职业发展所需要的基本能力和素质，包括理论知识、实践技能以及可持续发展的学习能力。人-职匹配理论以解决人的特性与职业因素相适应的问题为宗旨，启示人才培养指导必须重点抓“匹配”，包括从企业用人标准的角度分析不同职位对人才的要求，从人才自身的角度分析他们所具有的人格特征与综合素质，找出两者之间的匹配度。

我国学者陈吉胜等构建了基于人-职匹配理论的人才就业模型（图 1－1）。环境因素制约着人才培养评估体系、岗位分析体系、人-职匹配结合体系三大体系，处于主导强势地位。这三个体系在一定程度上改变环境，通过对环境因素的影响达到平衡，且三大体系自身亦相互关联和影响。

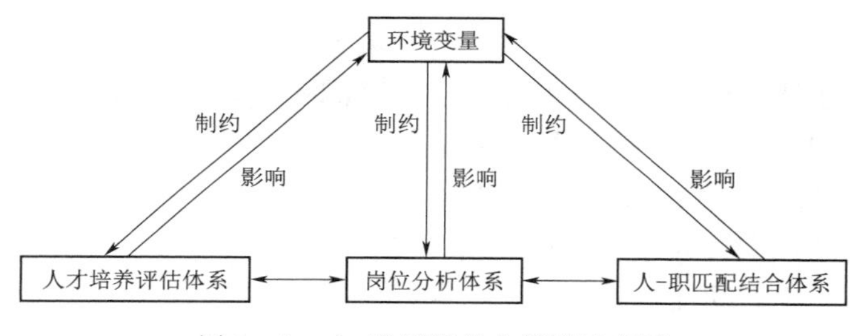

图 1－1　人-职匹配就业模型示意图

五、人才资源管理 5P 模型

清华大学郑晓明教授认为，建立一整套科学有效的人力资源管理体系应着力构建以识人（Perception）、选人（Pick）、用人（Placement）、育人（Professional）、留人（Preservation）为子系统的 5P 系统，即以识人为基础的素质测评与岗位分析系统、以选人为先导的招聘与选拔系统、以用人为核心的配置与使用系统、以育人为动力的培训与开发系统、以留人为目的的考核与薪酬系统。这种人力资源管理 5P 模式的五个方面不是彼此孤立，而是相互联系、相辅相成的，它的协调运作会使人力资源发挥更大优势，也会更完整地将企业文化渗透到每个员工工作的各个领域，增强企业核心竞争力。

第一，构建以识人为基础的工作分析系统。人才识别是以科学的人才观念为指导，借助科学的人才测评技术和手段，识别符合企业需求的真正人才。只有正确识别出人才的知识、技能与能力，才能为人才的选用提供科学依据，为人力资源管理奠定基础。人才识别必须以建立岗位胜任力素质模型为核心，重点建立人员素质测评和岗位分析与评价两个子系统。

第二，构建以选人为基础的招聘与选拔系统。选人必须在“识人”基础上进行，围绕岗位胜任力模型，设计科学的选拔方案，同时借助科学的选拔工具和手段提高选拔的信度和效度。首先，必须在工作分析基础上建立并完善岗位说明书，定期进行岗位评价，实施动态管理。其次，采用现代化手段和工具，引入诸如网络面试、文件框测试、角色扮演、情景模拟等人才测评手段，采用网络化和科学化测评工具，提高选人科学性。

第三，构建以育人为基础的培训和开发系统。育人必须以战略为导向，既注重满足当前需求的培训，更注重满足未来需求的开发，着力建立一套科学的培训与开发体系。应从战略层次提出企业当前和未来发展所必需的人力资源数量和素质特征。针对企业当前及未来对人力资源素质的需求，制订培训计划或开发方案，以化解企业当前及未来的技能风险。

第四，构建以用人为基础的配置与使用系统。通过对人力资源的合理配置和使用，达到人尽其才、才尽其用，同时达成组织既定目标。一方面，应在企业发展战略基础上，制定人力资源战略规划，分解制定科学合理的年度招聘计划，严格界定需引进人才的数量、层次和结构等。另一方面，在人力资源配置过程中，遵循“量才适用、科学合理配置”原则，完善人员流动机制。

第五，构建以留人为基础的考核与薪酬福利系统。留人要解决“留什么人，怎样留人”问题，必须围绕“持续激励人”这个核心，建立科学的考核与薪酬体系。企业应该留住的是人才，人才又可以分为“现实人才”和“潜在人才”两类。前者要给予奖励和晋升，激励他们继续为企业工作；后者要给予培训与开发，使其尽快成为现实人才。

六、人才发展治理体系

治理体系可以归结为有关国家制度和制度执行能力的集中体现，包括一系列规范社会权力运行和维护相关秩序的体制机制、程序、规则等的结构性安排。我国学者徐军海认为，人才发展治理是治理理论在人才领域的应用，主张将人才发展有机嵌入外部社会大系统之中，强调以质量和效益为重心，促进多元主体参与，注重过程互动，突出要素协作，最终目标是实现“善治”。人才发展治理体系在动态演进中具有鲜明的目标导向，在实现治理主体责权利的相互制衡、治理效率和制度安排的统一过程中，体现出治理主体多元化、治理结构网络化、治理模式柔性化和治理工具综合化等特征。

我国学者孙锐和吴江认为，我国人才发展治理框架的演化变迁，大体可以划分为“单一计划式”“分工赋权式”和“统筹协调式”三个主要阶段，各阶段表现出不同的治理特征和治理模式。构建新时代人才发展治理体系要坚持党管人才原则，发挥市场配置人才资源的决定性作用，优化人才工作中政府、市场、社会的关系，着力解决人才发展中不平衡、不充分问题，人才工作推动中的不协调、不匹配问题，以及与创新驱动、高质量发展的协同性偏差问题，进一步调动和增强各类人才创新发展活力，形成“聚天下英才而用之”的人才治理模式和运行机制。

新时代人才发展治理体系框架模型如图1－2所示。

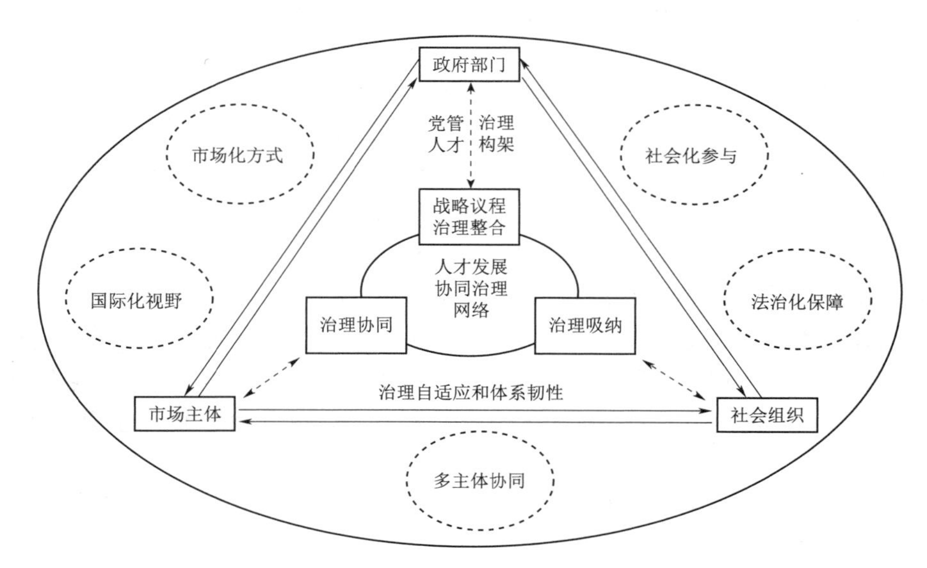

图1－2　新时代人才发展治理体系框架模型示意图

第一，发展“党管人才”总体治理构架。充分发挥党对人才工作全面领导的政治优势，以“聚天下英才而用之”为目标，深化人才体制机制改革，发挥市场配置人才资源的决定性作用，优化人才工作中政府、市场、社会的关系，着力解决好我国人才发展不平衡、不充分的主要矛盾。

第二，创新执政党中心治理主体角色。进一步破除人才发展中的体制性分割、部门性分割、市场化分割和条块化分割，通过深化人才发展体制机制改革，着力增强执政党对人才发展治理的战略构建能力、议程协同能力和治理整合能力。健全人才工作跨体制跨部门协调机制，解决各机构之间职责不清、职能重叠等问题。

第三，形成多主体协同参与治理模式。突出市场化方式、社会化参与、多主体协同、国际化视野和法治化保障，积极吸纳产业部门、用人单位、专业团体和社会组织参与人才发展治理。围绕解放和增强人才活力，精简、聚焦、强化政府人才工作职能，构建公正公平人才发展环境，打造人才创新创业生态系统，完善人才发展公共服务，强化人才权益保障。

第二节　我国人才发展的政策现状

自2016年中共中央印发《关于深化人才发展体制机制改革的意见》以来，党中央、国务院、各部委相继出台了一系列政策文件，内容涵盖人才发现、人才培养、人才评价、人才激励、人才保障等多方面（详见附件）。这些政策文件的出台，对于深化人才发展的体制机制，解放和增强人才创新创造活力，形成具有国际竞争力的人才制度优势，使“聚天下英才而用之”具有重要的意义。

一、关于人才发现

人才发现主要是完善人才识别发现机制，在实践中发现人才，促进人才尽早成长成才。人才发现相关政策主要集中在人才发现方式、发现渠道和人才引进等方面。《关于深化人才发展体制机制改革的意见》（中发〔2016〕9号）提出，要畅通党政机关、企事业单位、社会各方面人才流动渠道；研究制定吸引非公有制经济组织和社会组织优秀人才进入党政机关、国有企事业单位的政策措施，注重人选思想品德、职业素养、从业经验和专业技能综合考核。《关于分类推进人才评价机制改革的指导意见》（中办发〔2018〕6号）提出，要完善在重大科研、工程项目实施、急难险重工作中评价、识别人才机制；加大各类科技、教育、人才工程项目对青年人才支持力度，鼓励设立青年专项，促进优秀青年人才脱颖而出；探索建立优秀青年人才举荐制度。《关于充分发挥市场作用促进人才顺畅有序流动的意见》（人社部发〔2019〕7号）提出，要建立协调衔接的区域人才流动政策体系和交流合作机制，引导人才资源按照市场需求优化空间配置；建立人才需求预测预警机制，加强对重点领域、重点产业人才资源储备和需求情况的分析，强化对人才资源供给状况和流动趋势的研判。

二、关于人才培养

人才培养要坚持以用为本，在创新活动中培育人才、在创新事业中凝聚人才。相关政策主要集中在不同专业、类型、层次的人才培养，以及人才的培养渠道和载体、培养模式、培养机制等方面。《国家中长期人才发展规划纲要（2010—2020年）》（中发〔2010〕6号）提出，以用为本就是把充分发挥各类人才的作用作为人才工作的根本任务，围绕用好用活人才来培养人才、引进人才，积极为各类人才干事创业和实现价值提供机会和条件，使全社会创新智慧竞相迸发。《关于深化人才发展体制机制改革的意见》（中发〔2016〕9号）对人才培养作出全面部署，提出要完善产学研用结合的协同育人模式，建立产教融合、校企合作的技术技能人才培养模式；改进战略科学家和创新型科技人才培养支持方式，完善符合人才创新规律的科研经费管理办法，促进青年优秀人才脱颖而出。《“十三五”国家科技创新规划》（国发〔2016〕43号）提出，要深入实施国家重大人才工程，打造国家高层次创新型科技人才队伍，加强战略科学家、科技领军人才的选拔和培养，加大对优秀青年科技人才的发现、培养和资助力度。

三、关于人才评价

人才评价主要是改进人才评价机制，充分发挥人才评价的指挥棒作用。人才评价相关政策主要围绕人才评价方式、评价标准、评价管理等方面。《关于深化人才发展体制机制改革的意见》（中发〔2016〕9号）提出，要从突出品德能力和业绩评价、改进人才评价考核方式、改革职称制度和职业资格制度等方面，创新人才评价机制。《关于分类推进人才评价机制改革的指导意见》（中办发〔2018〕6号）提出，要加快形成导向明确、精准科学、规范有序、竞争择优的科学化社会化市场化人才评价机制，建立与中国特色社会主义制度相适应的人才评价制度，并从分类健全人才评价标准、改进和创新人才评价方式、加快推进重点领域人才评价改革、健全完善人才评价管理服务制度等方面，提出具体部署和要求。《关于深化项目评审、人才评价、机构评估改革的意见》（中办发〔2018〕20号）提出，要从科学设立人才评价指标、树立正确的人才评价使用导向、强化用人单位人才评价主体地位、加大对优秀人才和团队的稳定支持力度等方面，改进科技人才评价方式。《关于深化工程技术人才职称制度改革的指导意见》（人社部发〔2019〕16号）提出，对引进的海外高层次人才和急需紧缺人才，建立职称评审绿色通道；对在艰苦边远地区和基层一线工作的工程技术人才，可以采取“定向评价、定向使用”的方式，重点考察其实际工作业绩，适当放宽学历、科研能力要求。

四、关于人才激励

人才激励主要是健全人才激励机制，让机构、人才、市场、资金充分活跃起来。人才激励相关政策主要围绕科技成果转化、收入分配、人才奖励等方面。《关于深化人才发展体制机制改革的意见》（中发〔2016〕9号）提出，强化人才创新创业激励机制，明确加强创新成果知识产权保护、加大对创新人才激励力度、鼓励和支持人才创新创业等。《关于进一步完善中央财政科研项目资金管理等政策的若干意见》（中办发〔2016〕50号）对改进中央财政科研项目资金管理进行了明确要求，要提高间接费用比重，加大绩效激励力度。《关于优化科研管理提升科研绩效若干措施的通知》（国发〔2018〕25号）提出，加大对承担国家关键领域核心技术攻关任务科研人员的薪酬激励，科研人员获得的职务科技成果转化现金奖励计入当年本单位绩效工资总量，但不受总量限制，不纳入总量基数。《关于完善事业单位高层次人才工资分配激励机制的指导意见》（人社部发〔2019〕81号）提出，事业单位可对高层次人才实行年薪制、协议工资制、项目工资制等灵活多样的分配形式。

五、关于人才保障

人才保障服务相关政策主要集中在组织保障、制度保障、经费保障、宣传保障等方面。《关于深化人才发展体制机制改革的意见》（中发〔2016〕9号）提出，要从完善党管人才工作格局、实行人才工作目标责任考核、坚持对人才的团结教育引导服务等方面，加强对人才工作的领导，并促进人才发展与经济社会发展深度融合，建立多元投入机制，建立人才优先发展保障机制。《关于分类推进人才评价机制改革的指导意见》（中办发〔2018〕6号）提出，要从保障和落实用人单位自主权、健全市场化社会化的管理服务体系、优化公平公正的评价环境等方面，健全完善人才评价管理服务制度。《关于抓好赋予科研机构和人员更大自主权有关文件贯彻落实工作的通知》（国办发〔2018〕127号）提出，有关部门要加强对党中央、国务院出台文件的宣传解读；对地方和单位的好做法、好经验、好案例，要做好宣传推广。《关于印发国家职业教育改革实施方案的通知》（国发〔2019〕4号）提出，要完善技术技能人才保障政策，提高技术技能人才待遇水平，健全经费投入机制。

第三节　典型地区和行业人才发展的实践探索

典型地区选取浙江省和广东省，典型行业选取农业和建筑行业，本节对人才发展的主要做法进行了梳理总结。

一、浙江省人才发展的做法

一是大力实施人才引进工程。

（1）创立引才品牌工程。定期举办各类人才活动，以重大活动宣传浙江、以重大活动集聚人才，形成浙江省人才活动品牌。承办“浙江·杭州市国际人才交流与项目合作大会”“创客天下·杭州市海外高层次人才创新创业大赛”“海外华商杭州投资洽谈会”“侨界精英创新创业峰会”等大型活动和赛事，促进本省企业、园区、风投创投机构与海外人才、项目对接，推动海外人才项目在浙江落地。

（2）聚焦优势领域实施人才集聚工程。围绕实施信息经济、智慧应用“一号工程”，开展信息经济人才集聚工程，引进培育一批大数据、云计算、物联网、移动互联网等领域的高层次人才。围绕提高金融国际竞争力和自主创新能力，实施钱塘江金融港湾人才集结工程，引进培育一批通晓国际金融组织和市场运行规则、能够进行跨文化沟通、开展国际金融合作的国际化金融人才。

二是大力培养本土化人才。

（1）实施“杭州工匠”行动计划。培育以市级以上技能大师工作室领衔人、技师工作站领衔人、首席技师、技术能手为主体的领军层级高端技能人才，培育面向杭州“1＋6”产业集群的骨干层级技师、高级技师和部分紧缺职业（工种）高级工。打破学历、资历、身份等限制，对在生产经营实践中具有绝技绝活、业绩突出、贡献较大的技能劳动者，予以高级或技师职业资格的直接认定。

（2）创新技术人才培养和成长途径。推行现代学徒制和企业新型学徒制，充分发挥职业院校（含技工院校）在学徒制中的作用，提高学徒制学员在职业院校学生中的比例。加大校企合作力度，企业在校企合作中的教育培训费用可从职工教育经费中列支。推行校企人员互聘制度，聘用单位可按规定支付相应的劳务报酬。

三是建设人才成长载体和平台。

（1）培育创建人才成长载体。以杭州高新开发区（滨江）和杭州未来科技城两个国家级海外人才创新创业基地为龙头，引进培育西湖大学、浙江清华长三角研究院杭州分院、中科院理化所杭州分所等高端平台，成功创建国家级人力资源产业园。

（2）大力实施“以赛促学”。接轨世界技能大赛标准，完善世界技能大赛选拔工作机制，形成优秀选手梯次成长通道。改善参赛人员备赛条件，加大资金支持，建立省级世界技能大赛集训基地。科学规划职业技能竞赛项目，每 3 年组织一次全省性职业技能大赛，对成绩优秀者给予激励。发挥工会组织作用，在车间班组广泛开展岗位练兵技能比武活动，形成轰轰烈烈的学技能、练技能氛围。

（3）实施“智慧人才平台”建设工程。充分运用大数据、“互联网＋”技术，整合现有资源，打造市、县两级联动的人才信息管理服务平台，重点建设“一库一网五平台”，即杭州市高层次人才数据库、智慧人才官网、人才管理平台、项目申评平台、人才服务平台、人才交流平台和数据研判平台，实现人才政策发布、人才项目申评、人才在线咨询、人才沟通交流等服务功能，构筑一站式、专业化、智慧化的线上“人才之家”。

四是健全人才激励机制。

（1）实施技术工人工资激励政策。深化企业工资分配制度改革，鼓励企业提高技术工人工资水平。完善国有企业工资决定机制，国有企业工资总额分配要向高技能人才倾斜，鼓励各类企业建立体现技能要素的工资单元或津贴制度，高技能人才人均工资增幅不低于本单位管理人员人均工资增幅。

（2）完善人才评价方式。加强绩效评价，以合作解决重大科技问题为重点，更加注重人才标志性成果的质量、贡献和影响力。坚持个人评价与团队评价相结合，对基础研究、应用研究和技术开发、科技管理服务和实验技术等人才实行分类评价。

五是做好人才服务保障。

（1）建立高技能人才服务保障体系。将高技能人才纳入当地人才分类目录，明确人才类别，在落户、医疗保健等方面享受相应待遇，对符合城镇住房保障条件的，纳入城镇住房保障体系。

（2）提升人才管理和服务水平。深化“最多跑一次”改革，推行“全过程电子化”。建立容错免责机制，改革“非共识”创新项目监管方式，加大对自主创新技术和产品的支持与宽容力度。优化人才服务，对团队负责人、核心成员及其随迁配偶和未成年子女，在落户、住房、就医、入学等方面提供便利化服务。

二、广东省人才发展的做法

一是多措并举引进人才。

（1）建设引才平台吸引海外人才。发挥中国国际人才交流大会、人才“高交会”、人才“文博会”、国际人才市场等平台作用，大力引进在跨国公司、国际组织中担任高级职务、拥有高新技术成果以及在海外知名院校、机构工作并取得较高学术成就的海外人才。发挥人才集团、千里马国际猎头公司等机构的招才引智平台和窗口作用，进一步拓展海外人才联系渠道。

（2）建立引才目录定期发布机制。根据产业结构优化调整需要，每年定期向社会公开发布深圳市海外高层次人才重点引进目录，并及时发布用人单位对高层次人才的需求信息。

二是分类实施人才培养工程。

（1）实施重点领域人才培养专项计划。实施基础研究人才、核心技术研发人才、商业模式创新人才、金融人才、教育人才等众多领域的人才培养专项计划，全方位、大力度、精准吸引人才。

（2）培育高精尖和紧缺人才。重点培养具有成长为中国科学院、中国工程院院士潜力的人才，引进诺贝尔奖获得者、国家最高科学技术奖获得者以及两院院士等杰出人才，每人给予100万元工作经费和600万元奖励补贴。支持企事业单位设立院士（科学家、专家）工作站（室），“传、帮、带”培养创新人才，符合条件的给予 50 万～100 万元开办经费资助。

（3）实施高技能人才创新培养计划。以高级工、技师、高级技师培训为重点，以提升职业素质和职业技能为核心，大力培养和造就具有精湛技艺、高超技能和较强创新能力的高技能领军人才。重点实施高技能人才培训基地建设、技师工作站建设和技能大师工作室建设等三个工作项目。

（4）实施企业学徒培养工程。全面推行企业新型学徒制和现代学徒制，推动企业与职业院校（含技工院校）深入合作，联合培养与粤港澳大湾区产业发展相适应的技能人才。

三是创新人才评价机制。探索运用大数据和国际通用指标，分类制定针对各行业、各层次及产业细分领域的人才评价标准体系。注重引入市场评价、同行评价和社会评价，把人才享受的薪酬待遇、创造的市场价值、获得的创业投资、取得的代表性成果等作为人才评价的重要依据。建立完善非共识性人才、新业态新产业人才和具有行业重大影响力人才的评价标准。探索建立与科研项目、机构平台评审评估相衔接的人才评价机制。

四是加大对人才的奖励力度。深圳市设立“鹏城杰出人才奖”，在市政府特殊津贴制度基础上，进一步加强对有杰出贡献专业人才的表彰和奖励。由市人事、劳动和社会保障部门牵头，按照专业贡献非常突出、创造显著经济或社会效益的标准，每两年评选 10 名左右优秀高层次专业人才，授予“鹏城杰出人才奖”，每人奖励 50 万元。

五是健全人才服务保障体系。

（1）完善一站式人才服务体系。加快人才综合服务平台建设，加强人才供需对接，实行人才服务事项“一个窗口受理、一次性告知、一站式办理”。深圳市为高层次人才发放“鹏城优才卡”，凭卡可直接办理住房、医疗保健、子女入学、奖励补贴申报等业务。鼓励用人单位为确有需要的高层次人才配备行政助理，完善高层次人才服务专员制度，为人才认定、申报和享受生活待遇提供免费帮办服务。

（2）打破人才流动壁垒。如，深圳市完善高层次人才机动编制管理，凡市外具有事业单位编制身份的高层次人才来深创新创业的，在 5 年内可继续保留其事业单位编制身份。出台高端特聘岗位管理办法，通过灵活方式吸引集聚岗位急需的高层次专业人才。

三、农业行业人才发展的做法

一是加强对人才工作的组织领导，营造良好氛围。

（1）优化人才工作格局。加强党对农业农村人才工作的领导，充分发挥农业农村部农业农村人才工作领导小组作用，健全组织部门指导、农业农村部门牵头、有关部门共同参与、全系统协调联动、社会力量广泛支持的农业农村人才工作格局。加强对农业农村人才的政治引领和政治吸纳，完善工作机制、强化服务保障、搭建创新平台，在乡村振兴、脱贫攻坚、抗疫防疫等重大任务中发现人才、培养人才，积极为人才发挥作用提供有力支持。

（2）营造有利于人才成长的良好环境。充分发挥各类媒体作用，利用《农民日报》、《农村工作通讯》“乡村人才振兴”专栏等，多形式大力宣传农业农村人才工作政策、各地农业农村人才工作好经验好做法、各类优秀人才成长历程和典型事迹，营造识才、爱才、敬才、用才的良好氛围。

二是针对性地培养各类专业人才。

（1）大力培养创新创业人才。实施农村创新创业带头人培育行动，加大农村创新创业导师、示范园区管理人员和优秀带头人等培训力度。加强农产品加工业、休闲农业和农业产业化龙头企业经营管理人才、技术人才培训，为乡村产业发展培育创新创业人才。

（2）实施高素质农民培育计划。实施农村实用人才带头人素质提升计划，会同有关部门联合举办农村实用人才带头人和大学生村官示范培训班，重点遴选贫困村党组织书记、村委会主任、大学生村官、家庭农场经营者、种养大户、农民合作社带头人等作为培训对象，提升各类农村实用人才带头人的脱贫致富带动能力。统筹中高等涉农职业院校、农业广播学校等教育资源，大力推进百万高素质农民学历提升行动计划。开展百所重点院校创建行动，推动职业院校涉农专业改革，大力推行高素质农民定制培养。

（3）加强农业国际合作人才培养。启动实施农业国际合作人才培养行动，举办农业外派人员能力提升培训班、外事能力建设培训班、农业国际组织后备人才培训班、农业外交官储备人才培训班，加强农业国际合作人才队伍教育培训和业务交流。

（4）积极培育本土化特色人才。围绕一二三产业融合、投融资与资本运作、农产品质量管理、先进适用技术推广等内容开展培训，提升农民信息技术应用水平和能力。研究发布乡村特色能工巧匠目录，针对纳入目录的手工艺大师，如乡土篾匠、剪纸师等开展乡土特色工艺大赛，发掘推介一批乡村特色能工巧匠。

三是搭建人才成长的载体和平台。举办农业领域高层次专家国情研修班和专业技术人员高级研修班，培养农业科研领军人才。依托现代农业产业技术体系、国家重点实验室、国家农业科技创新联盟等平台，建立完善农业科技人才协同培养机制。发挥农村实用人才培训基地的综合平台作用，宣传推介一批人才示范培训经验模式，强化示范引领作用，将基地打造成推动乡村人才振兴的综合服务平台。举办全国农业行业职业技能大赛，以赛促训，发现和选拔一批优秀的知识型、技能型、创新型农业人才，为乡村振兴战略实施提供强有力人才支撑。组织实施“全国十佳农民”“农业科教兴村杰出带头人”等资助项目遴选，进一步发挥人才项目激励引导作用，激发广大农业农村人才创业创新热情。

四是完善农业农村人才评价激励机制。深化农业技术人员职称制度改革，强化农业行业职称评审制度建设，优化评价标准，完善评审程序，进一步提升职称评审制度化、规范化水平。支持和鼓励事业单位科研人员创新创业，推进种业领域人才发展和科研成果权益改革，支持种业科企深度合作，促进育种科研和经营管理人才流动、培养和引进。

四、建筑行业人才发展的做法

一是多渠道引进人才。

（1）搭建产学研平台吸引高校建筑工业人才。鼓励用人单位与各大高校、建筑科学院等单位联手，密切合作，将其培养的人才迅速吸引到工程施工中，提高建筑技术人才的技术水平。

（2）统筹国内外两个市场吸引建筑工业人才。建立统一开放的建筑行业人才市场，消除市场壁垒，营造权力公开、机会均等、规则透明的建筑人才招聘市场环境。引导建筑企业加快人才招聘“走出去”步伐，积极开拓国际人才市场，提高建筑企业的对外工程人才吸引能力，推进有条件的企业实现国内国际建筑工业人才招聘市场共同发展。

二是建立全国建筑人才管理服务信息平台。推行建筑劳务用工实名制管理，建立全国建筑人才管理服务信息平台，记录建筑人才的身份信息、培训情况、职业技能、从业情况等信息，构建统一的建筑人才职业身份登记制度，逐步实现全覆盖。

三是分类实施专业人才培养计划。

（1）实施高素质人才队伍计划。引导建筑工业行业，面向社会公开招聘具有现代管理理念、风险意识和创新能力的人才进入行业经营管理层，提高行业的总体素质。制定中长期人才发展规划，有计划、有步骤地引进工程技术、外语、法律、计算机等各类专业人才，促进管理和技术队伍的更新和结构优化。加快引进信息化人才，开发项目管理、资源管理、信息管理软件，实现建筑工业行业内部管理标准化、规范化和科学化。

（2）实施高素质项目经理队伍计划。加强与上级主管部门和有关培训机构的合作，精心组织考前培训，积极帮助和引导行业组织符合条件的工程技术人员通过考试取得一级、二级建造师执业资格，重点培养好“五大员”（造价员、施工员、质检员、安全员、材料员），配齐配强一线项目经理班子，增强行业承揽高端项目和建设精品工程的能力。

（3）实施高素质技能人才队伍计划。加强行业内各企业、各乡镇建筑业特殊工种的技能培训、考核和发证工作，提高其操作技能，使“十一大员”和特殊作业人员持证上岗率达到100%。加快建设劳务基地，创新劳务联合培训、管理机制，为建筑业的发展提供源源不断的熟练工人，从根本上解决操作层人员队伍不稳定、技能不达标、管理不规范的问题。

四是建立健全建筑人才专业化管理和权益保障制度。

（1）推动人才专业化管理。改革建筑用工制度，鼓励建筑业企业培养和吸收一定数量自有技术工人。改革建筑劳务用工组织形式，支持劳务班组成立木工、电工、砌筑、钢筋制作等以作业为主的专业企业，鼓励现有专业企业做专做精，形成专业齐全、分工合理、成龙配套的新型建筑行业组织结构。

（2）建立建筑人才权益保障制度。建立业主工程款支付担保、承包商投保担保、承包商履约担保和承包商分包工程付款担保制度，从源头上解决拖欠工程款问题。建设主管部门会同劳动和社会保障局、工会等部门对全区建筑行业劳动用工情况进行检查，规范分包市场和人才劳动合同，借鉴其他行业做法，推行人才工资保证金制度，杜绝人才工资拖欠问题。

五是完善人才激励评价制度。开展建筑人才技能评价工作，倡导工匠精神。改革建筑人才技能鉴定制度，将技能水平与薪酬挂钩。引导行业将工资激励向关键技术技能岗位倾斜，促进建筑业农民工向技术人才转型，努力营造重视技能、崇尚技能的行业氛围和社会环境。

第四节　有　关　启　示

通过总结典型地区和行业人才发展的实际做法，结合水利行业实际，从人才工作格局、人才培养体系、国际化人才培养使用、人才激励机制、人才评价制度、人才服务保障等方面，进行经验借鉴。

一、建设开放、多主体参与的人才工作格局

一是强化政府在人才工作中的主导地位。发挥政府在人才引进市场化进程中的引导作用，鼓励相关企业、科研院所、社会组织和个人等有序参与水利行业的人才资源开发和人才引进工作。在水利行业发展战略基础上，制定人才发展战略规划，并分解制定科学合理的人才计划，明确引进人才的数量、层次和结构。处理好引进人才和本土人才的关系，扩大增量、盘活存量，引进和培育“两手抓”，促进人力资源向人才资源转化。

二是探索政府、用人单位和第三方协同治理的人才服务模式。健全完善统分结合、上下联动、协调高效、整体推进的人才工作运行机制。鼓励行业协会和社会组织帮助人才获取信息、提升能力、实现价值。发展职业经理人人才市场、高新技术人才市场等内外融通的专业型人才市场及网络人才市场，倡导和鼓励社会资本进入人才服务领域。引入面向水利人才的人力资源服务企业，作为协同治理第三方，引导用人单位与人力资源服务企业对接、互动。

二、推进人才培养体系建设

一是引导各类水利院校创新人才培养理念、改进人才培养模式。深化教育教学改革，加强师资、教材、重点实验室、教学示范中心、实习实训基地建设，突出水利特色，改进教学方法，提升培养质量。支持各类水利院校加强水利学科和专业建设，推动开展水利专业认证、评估，制定水利学科专业教学标准、培养方案和教材建设规划。发挥水利社团的桥梁和纽带作用，促进水利院校相互配合协作，建立产教融合、校企合作、校地协作的人才培养模式，共同推进水利人才培养。

二是加强人才工作信息化建设。搭建人才服务平台，组织相关专业机构，运用“互联网＋”、大数据等现代信息技术手段，建立功能完备、兼容共享、务实管用、安全高效的人才库，解决在人才服务信息化方面存在的不足。如我国建筑业已经基本建成全国建筑人才管理服务信息平台，记录建筑人才的身份信息、培训情况、职业技能、从业情况等。

三、健全国际化人才培养和使用机制

一是强化国际化人才的海外培养。充分发挥海外机构和合资企业作用，开展实地实战岗位锻炼，在更大范围、更广领域、更高层次参与国际合作，提高国际人才的战略决策能力、经营管理能力和跨文化沟通能力。引进国外水利管理理念和机制，建立国际高层次人才担任重大项目主持人或首席科学家制度，选拔具有发展潜力的领军人才。

二是建立国际人才成长绿色通道。实施国际化人才交流计划，搭建人才展示平台，形成制度化的人才国际交流支持机制。鼓励国际人才参与我国水利改革发展重点任务，放宽参与条件，取消不必要的限制性规定，把国际人才安排到最能发挥特长，最能体现个人价值的岗位上，促进人才资源优化配置。选派成熟的国际化人才，与“新人”组成团队，以

老带新，解决水利复合型人才短缺问题。

四、完善人才激励机制

一是建立多元化的人才激励机制。建立健全知识、技术、管理、技能等要素按贡献参与分配的制度，扩大参与分配的范围和额度，建立形式多样、自主灵活的分配机制。在薪酬、晋升、评先评优、培训等各方面向有实绩的人才倾斜，拉开收入差距，形成人才"竞技场"。制定科学合理的人才奖励制度，可根据需要采取弹性奖励方式，提倡物质激励和精神激励相结合，对做出突出贡献的水利人才，特别是具有创新性成果的人才进行表彰和奖励，不断增强人才的竞争进取意识。

二是加大对人才激励的投入力度。努力做到人才投入与建设性投入并重，设立水利人才专项基金，为人才培养、引进、表彰等提供经费保障。加大对高水平人才的专项资助，可优先考虑采取项目资助、团队资助的方式，而不是个体资助。对于大师评定、专家评定等个人奖励，以荣誉激励为主、经济资助为辅。

五、创新人才评价制度

一是健全以职业能力为导向、以工作业绩为重点、注重职业道德和职业素质的技能人才评价体系。推行职业技能鉴定与综合评审相结合的技师、高级技师评价方法。根据国家技能人员职业资格目录清单，做好水利职业资格撤、并、转衔接工作。修订完善水利职业技能标准，组织编写培训教材，规范职业技能鉴定管理。

二是深化职称制度改革。提高职称评审科学化水平，完善评价机制，探索建立日常考评制度，扩大考核评价的覆盖面。采用考试、述职答辩、人才测评等评价手段，实行量化打分和专家评定相结合的评价方式。积极推行"以聘代评"，实行专业技术职务竞争上岗，打破专业技术职务终身制，逐步建立申报权给个人、评审权给社会、聘任权给单位的职称评聘管理模式。

六、全方位做好人才服务保障工作

一是优化人才服务体系。根据人才治理5P模型，"留人"是人力资源管理体系的重要目的。应全面优化人才服务，为人才提供便利，解决人才"引不进"的问题。如浙江省推行"全过程电子化"，建立容错免责机制，改革"非共识"创新项目监管方式，加大对自主创新技术和产品的支持与宽容力度，无不为人才发展营造了良好环境和氛围。

二是健全人才工作和生活保障机制。落实中央有关人才政策，按照分级联系原则，健全各级党政领导联系人才制度，改善人才工作和生活的软硬件环境，做到政治上信任、工作上支持、生活上关心，切实解决高层次人才在学习、工作、生活等方面的实际问题。

第二章
加快水利人才创新发展的实践基础

第一节　水利人才队伍建设现状

一、水利人才队伍建设总体情况

截至2018年年底，全国水利系统共有从业人员90.3万人，其中水利部直属系统从业人员7.1万人；地方水利系统从业人员83.2万人[1]。水利部直属系统从业人员主要分布在水利工程管理、规划勘测设计、水文、科研、水行政管理、工程施工、水土保持、水资源保护等行业类别。地方水利系统从业人员主要分布在水利工程管理、工程施工、水行政管理、水电、规划勘测设计、水文、水土保持等行业类别。

全国水利系统共有专业技术人才35.4万人，占从业人员总数的39.2%，其中，高级职称5.3万人，占15.0%；中级职称11.4万人，占32.2%；初级职称12.3万人，占34.7%；见习及其他6.4万人，占18.1%。部直属系统专业技术人才队伍中具有高级专业技术资格的人员比例达31.7%，地方水利系统专业技术人才队伍中具有高级专业技术资格的人员比例为13.4%。全国水利系统专业技术人才队伍职称情况见表2－1。

表2－1　　全国水利系统专业技术人才队伍职称情况

类别		合计	高级职称	中级职称	初级职称	见习及其他
全国水利系统	人数/人	354918	53352	114288	123177	64101
	占比/%	100	15.0	32.2	34.7	18.1
水利部直属系统	人数/人	31701	10044	9712	8682	3263
	占比/%	100	31.7	30.6	27.4	10.3
地方水利系统	人数/人	323217	43308	104576	114495	60838
	占比/%	100	13.4	32.4	35.4	18.8

注　数据来源为水利部人事司、水利部人才资源开发中心编制的《2018水利人事统计年报》。

全国水利系统共有技能人才34.3万人，占从业人员总数的38%，其中，高级技师3619人，占1.0%；技师4.0万人，占11.7%；高级工11.2万人，占32.7%；中级工7.2万人，占20.9%；初级工及以下11.5万人，占33.7%。全国水利系统技能人才队伍职称情

[1] 数据来源为水利部人事司、水利部人才资源开发中心编制的《2018水利人事统计年报》。

况见表 2-2。

表 2-2　全国水利系统技能人才队伍职称情况

类别		合计	高级技师	技师	高级工	中级工	初级工	无等级
全国水利系统	人数/人	343381	3619	40235	112351	71625	47934	67617
	占比/%	100	1.0	11.7	32.7	20.9	14.0	19.7
水利部直属系统	人数/人	22628	713	3908	7251	2927	2733	5096
	占比/%	100	3.2	17.3	32.0	12.9	12.1	22.5
地方水利系统	人数/人	320753	2906	36327	105100	68698	45201	62521
	占比/%	100	0.9	11.3	32.8	21.4	14.1	19.5

注　数据来源为水利部人事司、水利部人才资源开发中心编制的《2018 水利人事统计年报》。

（一）水利高层次人才[1]队伍建设情况

水利系统现有各类高层次人才约 1000 人，主要分布在水利部直属各事业单位、七大流域管理机构及其下属单位、地方水利单位，其中水利部直属系统高层次人才最为集中。总体看，水利高层次人才队伍具有以下特点：

一是高层次人才年龄趋于老化。从年龄结构看，水利部直属系统所拥有的国家级人才平均年龄为 54.3 岁，省部级人才平均年龄为 51.8 岁，整体年龄偏大；在省部级以上人才中，60 岁以上的占 73%，40 岁以下的仅占 7%，35 岁以下的尚没有，高层次人才老龄化趋势正逐步凸显。

二是以院士为代表的高层次人才数量总体较少。在院士方面，自然资源部直属系统人才总量 6.7 万人，规模与水利部相当，但拥有 28 名院士，是水利部的 2.8 倍；生态环境部直属系统仅 4000 人，但拥有 8 名院士。在高层次人才总量方面，生态环境部直属系统 4000 人，省部级人才 40 名，高层次人才占比达 1%，是水利部的 2.1 倍；农业农村部直属系统 2.14 万人，省部级人才 600 人，高层次人才占比达 2.8%，是水利部的 5.9 倍。

三是高层次专业技术人才和技能人才发展不平衡。从高层次人才分布结构来看，水利部在海外高层次人才引进方面还有欠缺；全国技术能手占比相对较高，高技能人才储备有一定规模，总体处于较高水平。

（二）基层水利人才队伍建设情况

我国基层水利人才（部直属三级及以下单位、地方水利厅局县级及以下单位的水利人才）总数约 62.9 万人，占水利系统从业人员总量的 69.7%。总体看，基层水利人才队伍有以下特点：

一是基层水利人才主要集中于地方水利基层单位。基层水利人才队伍中，部直属基层单位的人才约 1.9 万人，占基层水利人才总量的 2.9%，地方水利基层单位的人才约 61.1

[1] “高层次人才”主要是指获得省部级及以上人才称号的专业人才，包括院士、大师、万人计划人选、百千万人才工程国家级人选、中青年突出贡献专家、国务院特殊津贴专家、国家杰出青年科学基金人选、5151 人才工程部级人选、全国水利青年科技英才、中华技能大奖获得者、全国技术能手、全国水利技能大奖获得者、全国水利技术能手获得者、全国水利行业首席技师等。

万人，占总量的97.1%。地方水利基层单位对基层水利人才的培养使用任务较重。

二是基层水利人才队伍学历层次偏低。其中具有研究生学历的7092人，占比1.1%，远低于水利系统平均水平（3.5%）；具有大学本科学历的15.2万人，占比24.1%，低于水利系统平均水平（30.2%）；大学专科及以下学历47.0万人，占比达74.8%，高于水利系统平均水平（66.3%）。

三是基层专业技术人才职称等级偏低。基层水利专业技术人才总数为22.5万人，占比35.8%，低于水利系统平均水平（39.2%）。其中高级职称1.9万人，占比8.7%，低于水利系统平均水平（15.0%）；中级职称7.2万人，占比32.0%；初级职称及以下13.4万人，占比高达59.3%，高于水利系统平均水平（52.8%）。

二、水利人才工作存在的主要问题

一是部级统一的高层次人才管理平台缺乏。尚未建立面向全行业水利人才的部级统一管理平台，统筹考虑、统一管理的工作抓手有待进一步完善，统一设立或管理的高层次创新团队、高水平创新项目不多，管理方式有待创新，管理水平有待进一步提高。

二是水利人才发展不平衡、不充分。应用研究人才较多，基础研究人才相对不足；水资源、大坝结构等传统领域人才相对集中，水环境、水生态等新兴交叉领域人才不足；水利高层次人才总量不足，青年后备人才不足，部直属系统高层次人才相对集中且呈老龄化趋势，院士数量呈下降趋势，影响行业发展的话语权和影响力。基层水利人才结构性短缺，从事水文、水资源、水保等一线急需专业的人才偏少，专业结构不合理，难以满足基层水利事业发展的需要。

三是人才与重大国家战略、水利重大工程融合不够。支撑和服务黄河流域生态保护和高质量发展、推进长江经济带发展、京津冀协同发展等重大国家战略及节水供水重大工程建设、“互联网+”现代水利和智慧水利建设等领域的高层次人才较少；水利人才与深化“一带一路”水利国际合作、澜湄、中欧等水资源合作机制建设的融合还不够；适应水利“走出去”战略要求、具有国际影响力的科学家、国际组织负责人等高层次战略人才培养不够。

四是基层水利“引才、留才、育才”问题突出。长期以来基层水利人才存在“引不进、留不住、提升难”问题，尤其是艰苦边远地区区位劣势明显、收入水平低、工作条件差，高校毕业生不愿意去这些地区工作。基层专业化人才匮乏比较普遍，基层人员学历、职称偏低，对农村供水、生态修复等工程短板支撑不够；法治、信息化、监测管理等领域专业人才匮乏。虽然在大学生村官、“三支一扶”等倾斜政策引导下，人才引进问题得到了有效缓解，但由于工作环境、待遇水平等因素，多数毕业生扎根基层的意愿不强烈，基层水利人才面临断层问题。现有基层水利人才学历层次偏低，知识结构单一，事务性工作多，培训和学习的时间得不到充分保证，导致专业技术能力提升难。

五是人才培养和激励机制不健全。高层次人才联合协同培养不够，尚未建立跨部门、跨领域、跨地区等协同攻关的行业高层次人才遴选培养体系。人才开发经费渠道单一、投入力度有限。对青年科技人才、高技能人才及基础研究人才培养使用等方面缺乏长期稳定的支持机制。高层次人才培养使用支持渠道不畅，行业内外企事业单位以及社会组织等力量缺乏制度化参与平台。基层水利专业技术人员成长空间受限，多数基层单位未设置高级专业技术岗位。

第二节　水利人才工作面临的新形势新要求

一、新时代人才强国战略对水利人才培养提出了新要求

新时代，党中央明确提出要坚定实施人才强国和创新驱动发展战略。习近平总书记高度重视人才工作，多次发表重要论述，做出重要指示，特别强调“人才是第一资源，创新是第一动力”要“培养造就一大批具有国际水平的战略科技人才、科技领军人才、青年科技人才和高水平创新团队”。中央《关于深化人才发展体制机制改革的意见》明确规定，要深入实施人才优先发展战略，加大对创新人才激励力度，建立统一的人才工程项目信息管理平台。2018 年全国组织工作会议强调要加快实施人才强国战略，完善人才培养机制，健全人才激励机制。

二、中央治水思路和新发展理念对水利人才使用提出了新任务

习近平总书记明确提出“节水优先、空间均衡、系统治理、两手发力”的治水思路，科学回答了治水管水兴水的重大理论和实践问题，为水利人才培养和使用指明了发展方向。将新的治水思路和绿色发展理念贯彻落实到国家战略和水利发展实践中，推动新治水思路的落地与发展，是水利人才工作的重要任务。水利人才如何支撑国家战略发展，如何助推重大水利工程问题的解决，是当前水利人才使用面临的重大课题。面对这些任务和课题，亟须创新人才使用措施，打通人才使用通道，创新团队组建模式，充分发挥人才的创造、引擎作用，保障国家战略和水利改革发展的顺利实施。

三、应对新老水问题交织的新挑战必须破解水利人才发展瓶颈

新老水问题相互交织的严峻形势给我国治水工作赋予了全新内涵。习近平总书记就保障国家水安全问题发表重要讲话，提出一系列亟待解决的重大命题。破解这些重大难题，落实这些重大任务，需要水利人才提供强有力的智力支持。虽然近年来水利人才队伍建设取得了一定成效，但与新形势下水利行业发展对人才需求相比，还存在薄弱环节。主要表现在高层次人才组织统领力度不够、人才培养与国家战略和水利发展融合不够、创新型人才不足、基层专业化人才匮乏、激励机制有待完善等方面。

四、改革发展背景下水利部党组对水利人才工作做出了新部署

当前我国社会主要矛盾已经发生转化，治水思路发生深刻变化，水利部党组结合水利改革发展的新形势新任务，明确提出今后一个时期水治理能力现代化的重点方向和领域。为适应这个转变，必须加大对院士、勘察设计大师等高层次创新人才的培养力度，强化对基层水利人才的培训和帮扶，为水利改革发展提供人才和智力支持。

为深入落实部党组新部署新要求，迫切需要水利人才工作转变思路，采取针对性措

施，抓住人才梯队建设的关键环节，注重高层次人才和基层专业人才培养；加大防洪、供水、生态修复等关键领域人才培养力度，加强江河湖泊、水工程等监管薄弱环节的人才队伍建设；迫切需要加快推进水利人才发展体制机制改革和政策创新，完善人才培养开发、选拔使用、激励保障等机制和制度。

第三节　加快水利人才创新发展的必要性

新时代加快水利人才创新发展，是贯彻习近平总书记关于人才工作系列重要论述精神，落实中央人才强国战略，服务水利改革发展的迫切需要。

一、贯彻习近平新时代中国特色社会主义思想、落实人才强国战略的必然要求

党的十八大以来，习近平总书记对人才工作多次做出重要批示，强调“办好中国的事情，关键在党，关键在人，关键在人才”，“发展是第一要务，人才是第一资源，创新是第一动力”，“要树立强烈的人才意识，寻觅人才求贤若渴，发现人才如获至宝，举荐人才不拘一格，使用人才各尽其能”，“把我国建设成人才强国，是一项庞大的系统工程，必须认识规律、尊重规律，按规律办事”。他提出，“更好地实施人才强国战略，努力建设一支能够站在世界科技前沿、勇于开拓创新的高素质人才队伍”，特别强调要以培养造就高层次创新型人才为重点。党的十九大提出坚定实施人才强国战略，这对新时代人才工作提出了更高要求。全面加强对人才工作的统领，着力营造人才成长的良好环境，培养造就一大批高层次创新人才，是人才兴业、人才强国的必由之路。加快水利人才创新发展，培养造就一批水利高层次创新人才，是贯彻落实习近平新时代中国特色社会主义思想的必然要求，是人才强国战略在水利行业的生动体现。

二、服务重大国家战略实施和重大工程建设、推进水利重大科技创新的现实需要

在黄河流域生态保护和高质量发展、京津冀协同发展、推动长江经济带发展、“一带一路”建设、粤港澳大湾区建设等重大国家战略实施中，如何统筹水资源与区域经济社会发展，如何“共抓大保护、不搞大开发”，如何让绿水青山转化为金山银山，如何做好“一带一路”水利国际合作，是水利行业面临的重大课题。新时代，乡村振兴战略实施、雄安新区建设、172 项节水供水重大工程建设、150 项重大水利工程等给水利科技创新带来系列挑战，亟须强有力的人才支持和智力支撑。澜湄、中欧等水资源合作机制建设中的战略性综合性课题也亟待深入研究。这些重大科技问题的解决，从根本上要靠人才尤其是高层次创新人才。加快水利人才创新发展，不断提升人才供给数量和质量，是实现水利重大科技创新的重要基础，更是满足重大国家战略和重大工程建设人才需求的关键举措。

三、破解高层次人才工作薄弱环节、完善水利人才体制机制的重要内容

当前，水利高层次人才队伍建设还存在一些薄弱环节，突出表现在部分领域高层次人才不足、高层次创新团队偏少、具有国际影响的高层次战略人才缺乏、对重大国家战略和重大工程建设支撑不足等。这些问题归根结底是由于水利高层次人才供给侧与需求侧不匹

配，供给侧改革不到位，体制机制不健全。加快水利人才创新发展，是水利高层次人才供给侧结构改革的题中之意，有助于进一步健全人才发展体制机制，改进水利高层次人才组织管理方式和培养使用模式，有助于进一步激发高层次人才创新创造积极性，发展壮大更多创新人才和创新团队，培育形成更多创新项目和创新成果。

四、应对人才激烈竞争态势、占领高层次人才开发制高点的重大举措

当前，国际社会在全球范围内对高精尖缺人才的招揽力度不断加大，人才竞争特别是对高层次创新人才的争抢日趋激烈。近年来，中央实施了“万人计划”等重大人才工程，统筹各级各类人力资源，培养造就一批规模宏大的高层次创新创业人才队伍。各行业也竞相行动，教育部实施了“长江学者奖励计划”，科技部实施了创新人才推进计划，人力资源和社会保障部实施了“百千万人才工程”，自然资源部（原国土资源部）实施了高层次创新型科技人才培养工程，各部门千方百计引进、培养高层次创新人才，服务行业发展。应对适应国际国内人才竞争日趋激烈的新形势，必须以更坚定的决心、更广阔的视野、更恢宏的手笔，引进、培养更多高层次创新人才为我所用。加快水利人才创新发展，是集聚使用国际国内高层次水利人才，占领水利人才发展制高点的现实要求。

第三章 水利人才创新发展的总体设计

第一节　加快水利人才创新发展的总体思路

以习近平新时代中国特色社会主义思想和党的十九大精神为指导，紧紧围绕深入实施人才强国战略和创新驱动发展战略，按照中央和水利部党组关于人才工作的系列决策部署，坚持党管人才原则，瞄准国家重大战略和水利改革发展对人才的需求，以促进高素质人才发展为目标，以深化人才供给侧结构性改革为动力，研究设计水利人才创新发展的总体思路，明确主要任务，重点针对水利高层次人才管理和交流服务平台建设、领军人才和青年拔尖人才队伍建设、水利人才创新团队建设、水利高技能和基层实用人才培养中的关键问题，开展系统研究，提出解决方案，为新时代水利改革发展提供强有力的人才支撑和智力保障。加快水利人才创新发展的总体思路如图 3－1 所示。

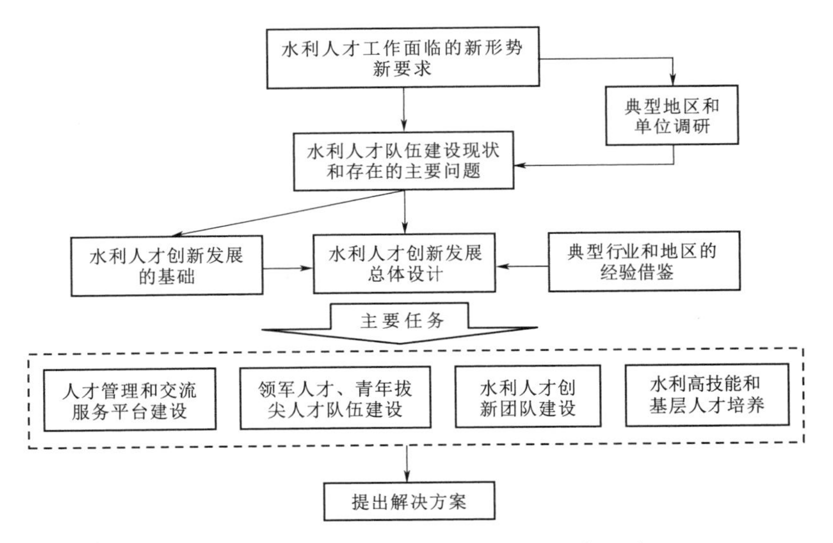

图 3－1　加快水利人才创新发展的总体思路

任务一——建设统一、高效的高层次人才管理和交流服务平台。契合高层次人才的基本特征和核心要素，结合水利部引进、选拔、使用、激励、评价和服务高层次人才的实际需要，从人才类型、专业类别、业务领域、梯队层级等方面，对高层次人才库进行架构设计，构建不同类型高层次人才遴选入库标准，提出高层次人才管理和交流服务平台建设的总体考虑。

任务二——培养水利高层次创新人才。以水利领军人才和青年拔尖人才为重点，在分析两类人才特质的基础上，从选拔原则、选拔条件和选拔标准等方面，构建水利领军人才和青年拔尖人才的选拔标准，提出相应的人才培养机制和保障激励机制等。

任务三——建设水利人才创新团队。对创新团队组建的关键问题进行分析，找准亟须统筹解决、适合团队攻关的重大需求，确定团队建设的重点方向，并从组织结构、人员构成和组建程序等方面，明确创新团队建设的方式方法，健全创新团队的激励保障措施。

任务四——培养水利高技能和基层实用人才。从人才培养基地布局、人才培养和孵化模式、创新基地建设举措等方面，加快建设一批技术领先、设施健全、体系完备、务实管用的培养基地，搭建高技能和基层实用人才成长平台，加强水利高技能和基层实用人才培养。

第二节 任务一——建设统一、高效的高层次人才管理和交流服务平台

以建设统一、高效的高层次人才管理和交流服务平台为目标，对水利高层次人才库进行架构设计，明确高层次人才遴选入库标准，提出高层次人才管理和交流服务平台建设总体考虑。

一、水利高层次人才库的架构设计

水利高层次人才库架构体系，须契合高层次人才的基本特征和核心要素，结合水利部引进、选拔、使用、激励、评价和服务高层次人才的实际需要，参考国内外相关人才库建设做法，经过理论分析和专家论证，从人才类型、专业类别、业务领域、梯队层级等方面，对水利高层次人才进行区分，突出高层次人才库建设的针对性、创新性、实用性和可操作性。

水利高层次人才库总体分为水利外聘人才库、内部人才库两大类，分别建立工程技术、科学研究、经营管理、教育教学、技能技艺五类人才库。在入库人才分类基础上，对每一类人才库进行分专业、分领域、分梯队设计，最终归结为一套综合标准体系。在高层次人才库系统中，进一步健全高层次人才学历学位、政治面貌、行政职务、专业技术职务、技能等级、在职/离退休、学习与工作经历、主要业绩及贡献、学术/荣誉头衔、参与计划/基金/奖励评审经验等基本信息子集。水利高层次人才库架构如图 3-2 所示。

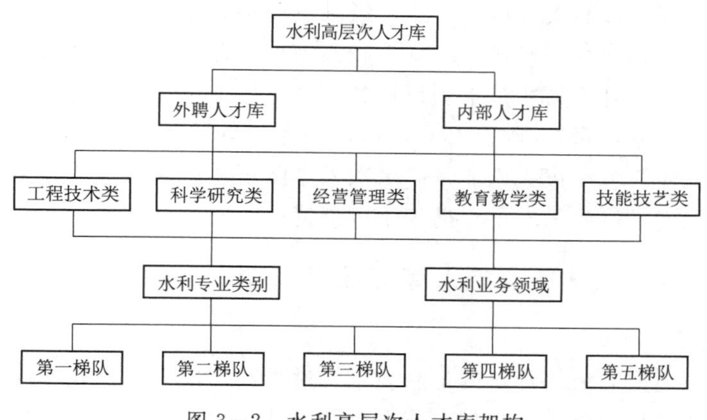

图 3-2 水利高层次人才库架构

1. 高层次人才的水利专业类别划分

结合我国水利科技工作实际，通过比对国家标准《学科分类与代码》（GB/T 13745—2009）、教育部的《学位授予和人才培养学科目录》以及国家自然科学基金委员会关于水利学科的分类，研究采用国家自然科学基金委员会关于水利学科分类体系，对入库人才的专业类别进行划分。具体讲，入库人才的专业类别可划分为十类，包括：水文水资源、农业水利、水环境与生态水利、河流海岸动力学与泥沙研究、水力学与水信息学、水力机械及其系统、岩土力学与岩土工程、水工结构和材料及施工、海岸工程、海洋工程。

2. 高层次人才服务的水利业务领域划分

统筹考虑水利工作的主要业务领域和水利科技发展新形势，结合水利工程补短板明确的四大重点任务（防洪、供水、生态修复、信息化）和水利行业强监管明确的六大重点领域（江河湖泊、水资源、水利工程、水土保持、水利资金、行政事务），研究确定水利高层次人才服务的八大业务领域，包括水旱灾害防治、水工程建设、水工程安全运行、水资源开发利用、城乡供水、节约用水管理、江河湖泊监管、水土保持。

3. 高层次人才库的层次设计

统筹水利行业高层次人才现状，按照尊重现状、结构合理、层次清晰、管理简便原则，研究确定按五个梯队对入库人才进行分层：第一梯队为战略人才，第二梯队为领军人才，第三梯队为核心人才，第四梯队为骨干人才，第五梯队为青年拔尖人才。

一是战略人才，指具备战略视野和战略思考能力，能够创新性、前瞻性预见未来发展方向和趋势，科学设计战略路径，提出具有全局性、长远性战略举措的人才。在水治理能力和治理体系现代化进程中，培养造就一批战略人才是关键因素，对于攻克水利改革发展难题具有决定性作用。

二是领军人才，指具有战略眼光、国际视野、创新思维，能够主持重大科研任务、领衔高层次创新团队、领导高层次创新基地或重点学科建设，研究工作具有重大创新性和发展前景的人才。领军人才培养在当前水利改革发展和重大任务攻关中处于引领地位，决定了未来人才成长的方向。

三是核心人才，指拥有专门技术、掌握核心业务、控制关键资源、在某个或某些业务领域具有较深造诣，能够主持重大科研任务或重点工作，并取得重要成果的人才。在水利改革发展的关键时期，核心人才最为活跃、最具发展潜力，是攻坚克难的中坚力量。

四是骨干人才，指在某一专业领域具有较高专业技术水平，在工作中做出突出业绩，取得较大成果的人才。骨干人才是水利行业各领域重点工作顺利推进的重要保障力量。

五是青年拔尖人才，指 35 周岁以下、具有优秀的科研和技术创新潜能，研究方向有重要创新前景的人才。青年拔尖人才是高层次人才队伍建设的入口，直接影响整个高层次人才梯队建设的发展，需要采取重点措施予以支持。

二、水利高层次人才的遴选入库标准

1. 入库标准设计思路

按照中央关于高层次人才评价的最新要求，遵循高层次人才的发展规律，坚持需求导向和问题导向，通过比较分析国内外高层次创新人才评价的典型实践，结合水利功能定位和水利事业发展需要，分类分级构建反映水利高层次人才的基本特征和核心要素、更多突出人才的能力和业绩、贡献导向的水利高层次人才入库评价标准体系。

一是把握高层次创新人才的基本特征和核心要素。结合水利功能定位和水利改革发展需要，厘清高层次人才和一般人才的区别与联系，将高层次人才从人才群体中剥离出来，强调高层次人才的特质。在对高层次人才进行评价时，要着重强调能力、实绩和贡献的要求。

二是突出评价标准体系构建的关键要素。基于高层次人才的一般特征，通过研究水利科研单位高层次人才的总体特征，分析和判断水利高层次人才的基本特点、客观需求和发展环境，提炼总结水利高层次人才入库评价标准的关键因素。水利高层次人才基本特点，从人才自身的角度，主要包括个人能力和个人业绩两方面。其中，个人能力是人才创新创业的能力要件和基本要素，为人才创新创业提供了可能性；个人业绩为人才创新创业提供了可行条件。同时，结合水利改革发展需要，从人才与需求的角度，分析高层次人才是否匹配现实需要；从人才与环境的角度，分析高层次人才是否适应客观环境，以及在此环境中是否具有发展潜力。

三是分类分级设计评价标准体系。对水利高层次人才入库评价标准进行分类、分级设计。总体上，入库人才分为工程技术类、科学研究类、经营管理类、教育教学类、技能技艺类五类，每一类按照专业类别、业务领域分级设计，最终分类分级指标归结为一个综合指标体系。设计评价标准维度应重点体现关键指标、工具价值和需求导向，评价标准体系根据类别、层级的不同进行差异化设置，力求科学、合理地设计各类评价指标。

2. 入库评价标准

水利高层次人才入库评价标准分为通用指标、专业指标和加分指标三个方面的评价指标。

（1）通用指标，主要用于反映高层次人才教育、年龄状况等基本能力特征。高层次人才一般具有较高的个人基本素质、较强的研发能力和经营管理能力。按照相关政策要求，不仅考虑专业实绩和贡献指标，还要考察高层次人才的学历和年龄等通用性指标，该指标从某种程度上是人才资历和能力的具体反映，但不将学历和年龄等要素作为人才最重要的特质。

（2）专业指标，主要对高层次人才的专业能力和业绩情况进行评价。中央关于人才评价机制的文件明确提出，人才评价要“克服唯学历、唯职称、唯论文”的倾向。高层次人才的专业能力反映在多个方面，为了方便量化评价，将人才的专业能力指标具体化为其已经取得的职称和职业资格等专业水平，及其在国内外相关领域从业的时间、任职状况等资历和实际表现。实绩指标用来衡量高层次人才取得的实际业绩及其对水利事业发展产生的积极影响。高层次人才的业绩指标主要包括学术论文、专著专利、科研成果转化、核心技术、创业企业规模、税收等情况，主要考察其创新创业成果对水利领域科研发展及对主导产业发展的贡献。

（3）加分指标，有些因素与高层次人才的能力、实绩和贡献有较高的相关性，可作为高层次人才加分项进行评价。如对水利领军人才引进的匹配情况进行评价，包括引进人才的创新创业成果与产业转型升级、经济社会发展、创新创业活动及水利功能定位的匹配情况；对高层次人才的技术成长和人才成长进行评价，技术成长关注技术的国际先进性和发展潜力，人才成长关注引进人才的发展和引才聚才效益，以及二者对水利改革发展的引领作用，包括学术、技术领先性，技术、产业发展前景，及其与未来水利事业发展的契合度等。这些因素与前两类指标性质不同，适宜列为高层次人才加分项进行评价。

3. 指标设置与权重赋值

总体上，水利高层次人才入库评价标准按照经营管理类、工程技术类、科学研究类、教育教学类、技能技艺类进行分类、分级设计。指标设置与权重赋值突出水利高层次人才入库评判的针对性、创新性和可操作性。

三、人才管理和交流服务平台建设总体考虑

1. 关于入库人才的使用管理

一是建立入库人才的考核评价机制。要加强对入库人才的使用管理，建立考核评价机制，为更有针对性的使用好人才提供基本依据。综合考虑科技工作的周期性、人才成长的规律性、人才库的基本功能，可以三年为一个周期，区分不同层次人才，建立考核评价标准体系，实施人才评价。对于战略人才，重点评价对行业全局的宏观把握能力、引领行业发展的能力；对于领军人才，重点评价对行业内重点领域的引领带动作用以及取得的重大业绩成果；对于核心人才，重点评价开展重大课题攻关、化解难题的能力；对于骨干人才，重点评价前瞻性开展课题研究、完成重点工作任务的能力；对于青年拔尖人才，重点评价基础科研能力、研究创新性、成长潜力等。

二是建立不同层次人才的晋升机制。人才库从低到高设置了五个不同层次的人才，可综合考虑人才考核评价结果、人才成长情况、科研能力、业绩成果等，推动人才从较低层次有序晋升到较高层次，如从骨干人才晋升为核心人才、从核心人才晋升为领军人才等。对于在重大课题攻关、重点任务中做出突出成绩、能力素质过硬的人才，可以越级跨到更高层次，如从青年拔尖人才直接晋升到核心人才。

三是建立入库人才的退出机制。结合入库人才的考核评价结果，建立分层次的退出机制。对连续两次考核不合格的，人才所属层次应降低一个层次，如从领军人才降为核心人才或从核心人才降为骨干人才。对于触犯国家法律或有严重学术诚信问题的，实行“一票否决”，可将相应人才退出人才库。

2. 关于平台的服务功能设计及其实现路径

一是为部党组提供水利高层次人才队伍建设情况。结合水利部人才工作领导小组年度工作安排，在年初计划制定、年底工作总结中，将水利高层次人才管理和交流服务平台中的人才数据成果纳入其中，形成定期向部党组报告机制，为部党组分析研判水利高层次人才队伍建设现状和决策提供科学依据。

二是为水利改革发展重点任务实施提供有针对性的人才资源信息。水利改革发展领域众多、攻关任务繁重，可以利用水利高层次人才管理和交流服务平台，为各项重点任务实施提供相应的人才库资源，包括对应的高层次人才信息、优势领域、团队情况、有关研究成果等，为有关部门决策提供参考，打通人才信息供需渠道。

三是为用人单位提供人才信息。针对重大水利工程建设、部有关司局决策咨询、涉水

科研单位重大课题攻关、人才培训教育等对人才的需求，在征得高层次人才同意前提下，水利高层次人才管理和交流服务平台可为有关用人单位提供一定的人才数据产品，为精准发现人才、更好利用人才提供信息服务。

3. 关于平台的交流功能设计及其实现路径

一是与水利部有关平台互联互通，畅通人才信息渠道。与水利部科学技术委员会、水利部参事咨询委员会、水利学会等平台进行对接，重点在人才资源信息、人才使用机制、联合攻关、成果共享等方面进行互联互通，推动建立统一的人才库，构建多元化的人才使用渠道，鼓励人尽其才、才尽其用，提高人才资源使用效益。

二是对接其他行业人才管理平台，实现数据共享。与生态环境、自然资源、农业与农村、应急管理、气象等行业人才管理平台进行对接。前期重点在数据产品、研究成果共享等方面进行合作，推动高层次人才联合申报课题，集智攻关。后期合作重点聚焦在跨行业提出重大攻关课题，组织实施联合科研攻关方面，为培养造就一批交叉学科、复合型高素质人才，推动解决国家重大攻关课题和重大决策提供支撑。

第三节　任务二——培养水利高层次创新人才

水利高层次创新人才培养主要以领军人才和青年拔尖人才为重点，在分析两类人才特质的基础上，研究提出相应的选拔标准、培养机制和保障激励机制等，更好地对接涉水相关的国家重大战略和水利重点任务，为水利改革发展提供高层次人才保障。

一、水利高层次创新人才的特质

1. 水利领军人才的特质

领军人才是在特定领域做出重大贡献，推动或者引领特定领域发展、公认的杰出人物，具备成为一个团队核心和灵魂的能力，能够带出一支善于攻坚克难的队伍，体现出当前时代对人才的最高诉求——兼备个人能力和团队合作精神。水利领军人才是水利行业人才队伍中最杰出的群体，是具有典范作用和领军功能的核心人才，其特质可以总结为：杰出＋团队核心。水利领军人才必须具有良好的“学术眼力、管理能力、人格魅力、胆识魄力”等综合素质，能够带领一支创新团队，不断取得创新突破，推动和引领水利行业相关领域的发展。这是水利领军人才与其他高级专业技术人才的区别之处，是成为一个团队核心和灵魂的必要条件。

2. 水利青年拔尖人才的特质

青年拔尖人才是在社会各个领域，特别是技术、科学以及管理领域中具有创新意识和创新能力，能够为社会的发展和进步做出巨大贡献的高素质杰出人才。水利青年拔尖人才是在水利技能、科研与管理等工作中做出重大贡献、掌握核心技术、具备卓越水平和能力的青年优秀人才。水利青年拔尖人才具有代表性和先进性的特点，对水利相关科研理论、技术攻关、方法创新做出了贡献，在促进水利行业理论与实践整体发展、提高水利行业影响力等方面发挥积极作用。水利青年拔尖人才的核心品质和竞争优势是创新能力、意识以及扎实的专业素养，相比于普通青年，水利青年拔尖人才具有更高的科研、技术与管理的创新及实践才能，并具有更强的观察力、执行力和动手能力，更善于发现问题、提出问题、分析问题与解决问题。良好的专业素质和创新能力是构成水利青年拔尖人才能力体系的重要内容。

二、构建水利领军人才选拔机制

1. 选拔原则

一是反映科学性。水利领军人才选拔应把握领军人才的基本特征和核心要素，进一步突出“创新人才”导向，强化涉及“创新型”人才直接相关的科技创新、知识创新、自主创新、科研团队创新、核心技术、专利成果等领域与层次。

二是体现合理性。水利领军人才选拔应紧密联系水利事业发展实际，契合人才创新客观实际和服务需要。具体来说包括三个方面：一是从人才自身的角度，主要包括个人能力和个人业绩，个人能力是人才创新的能力要件和基本要素，为人才创新提供了可能性；个人业绩为人才创新提供了可行条件。二是从人才与需求的角度，结合治水功能定位和水利改革发展需要，考虑领军人才是否匹配现实需要。三是从人才与环境的角度，研判领军人才是否适应客观环境，以及在此环境中是否具有发展潜力。

三是具有实用性。水利领军人才选拔应具有现实可行性和实际可操作性，能够适应和引领水利行业新发展，有效破解新老水问题，针对防洪工程、供水工程、生态修复工程、信息化工程等水利工程短板，加快建立领军人才创新服务体系，充分释放人才创新活力，促进水利事业提质增效，培育和催生水利行业发展新动力，推动和激发水利改革创新潜能。

四是突出重点性。水利领军人才选拔应符合中央关于领军人才选拔的最新要求，遵循创新人才发展的客观规律，聚焦防汛抢险、水文水资源、水土保持、规划设计、科学研究等重点领域，突出领军人才的能力、业绩和贡献导向，强调“创新”核心属性，使标准设置更加客观、公正。

2. 选拔条件

水利领军人才是高层次人才队伍中的核心，特别是在增强自主创新能力方面，具有重要的引领作用。领军人才必须热爱祖国，拥护社会主义制度，遵纪守法、作风正派，在业内具有较高声望，并符合下列条件：

一是专业贡献重大。水利领军人才能够用扎实的专业知识和宽广的视野，开展相关学科、领域的前沿研究和实践，并做出重要贡献。

二是团队效应突出。水利领军人才应具有较强的领导、协调和组织管理能力，建设并带领一支优秀的团队，通过创造性的劳动实现自身和团队的可持续发展。

三是引领作用显著。水利领军人才应具有战略眼光，能够紧跟学科、领域发展趋势，在促进水利支撑国家重大战略、水利改革发展目标要求、水利科技进步、重大水利工程建设实施与管理中发挥引领作用。

3. 选拔标准

根据领军人才的主要特点和核心要素，紧密联系水利改革发展实际，契合水利领军人才创新创业客观实际和服务需要，聚焦防汛抢险、水文水资源、水土保持、规划设计、科学研究等重点领域，在理论研究和实证分析的基础上，主要以学识经历、原始创新能力、技术先进性及成熟度、科技成果价值、成果转化及产业化前景、知识产权自主性等为主要指标，明确水利领军人才选拔的关键要素和相应权重分配。

三、构建水利青年拔尖人才选拔机制

1. 选拔原则

一是坚持目标导向和问题导向。聚焦水利改革发展重点领域，以涉水关键技术和管理问题、重大基础问题为导向，结合青年人才特征，综合考量水利青年人才现状、水利学科设置、水利行业特点，水利青年拔尖人才的遴选范围选择在防汛抢险、水文水资源、水土保持、规划设计、科学研究等领域。水利青年拔尖人才遴选着眼于培养未来水利领域领军人才，以及对我国水利行业发展具有持续重要影响的青年人才。

二是坚持专业潜力优先。专业潜力是青年人才取得真正高水平、创新性专业成就的关键要素。青年拔尖人才遴选重点考察青年人才的专业发展潜力。在水利行业和学科领域具有较高专业水平，并在工作学习中表现出较强发展潜力的青年人才，是选拔重点支持的对象。

三是推动体制机制创新。通过实施水利青年拔尖人才支持计划，进一步创新人才培养开发、评价发现、选拔使用、激励保障机制，建立以品德、能力和业绩为导向的社会化人才评价发现机制；设立专门经费，对青年拔尖人才成长实行长期稳定支持；支持青年拔尖人才独立承担或主要参与国家重大工程或建设项目，营造鼓励青年拔尖人才自由探索、潜心研究、勇于创新的研究环境。

四是坚持人才好中选优。入选计划的青年拔尖人才必须具有很强的研究水平和创新能力，具有很好的发展势头和较大的成长空间，做到好中选优、优中选强，并建立严格的考核淘汰机制，确保选拔出来的青年拔尖人才质量和水平。

2. 选拔标准

综合分析青年拔尖人才选拔标准特征，结合实地调研情况和专家访谈意见，水利青年拔尖人才人选应具备政治素质高、敬业精神强、专业基础扎实、业务水平高、业绩突出的基本特点。

（1）基本素质。具有较高的政治素质，热爱水利事业，具有强烈的事业心和奉献精神；作风正派，并具有较强的科研、规划、设计的组织实施能力及良好的职业道德。人选一般应具备硕士及以上学历学位，并具备高级专业技术职务任职资格，年龄在35周岁以下。对水利事业做出特别突出贡献的人员，可不受学历和职称的限制。

（2）业务能力。在水利行业、学科专业等方面产生较好的社会效益或经济效益，有较高的学术造诣，取得较好成绩，具有发展潜力的青年人才。

（3）业绩成果。业绩成果应符合下列条件之一：一是在水利科学研究中，作为国家科技攻关项目或重大课题研究的主要完成人，取得的科研成果具有重要的科学价值，科研水平处于国内领先水平，并能尽快转化成生产力，产生较显著的社会效益或经济效益；或其科研成果获国家级三等奖、省部级二等奖以上，部属系统科技进步奖、创新奖一等奖以上。二是在防汛抢险、水文水资源、水土保持、规划设计等重大生产工作中，做出突出贡献，解决关键性的复杂技术难题，有较明显的社会效益或经济效益。三是在技术开发、应用方面，直接参加重要技术发明、革新和改造，做出突出贡献，其技术成果在水利系统得到广泛应用，在国内处于领先地位；在科技成果的推广应用方面做出较大贡献，并取得较大的经济、社会和环境效益。四是从事水利软科学研究，取得突出成果，并在省部级及以上层面得到采纳或应用。

四、高层次创新人才的培养使用措施

一是破除论资排辈、求全责备等陈旧观念。进一步解放思想，在培养水利青年拔尖人才时，对于有头脑、有想法、能创新、敢拼搏、重担当的水利青年人才要大胆选拔，并酌情考虑采取破格提拔培养、重点政策倾斜等措施遴选支持水利青年拔尖人才。

二是建立水利青年拔尖人才专项。在水利人才建设投入中划出部分资金，设立水利青年拔尖人才专项，支持开展国家重大战略和重大水利工程建设相关研究的青年才俊，在符合相关规定的前提下，对资金使用少设限，甚至不设限，如对资金使用进度、名目、范围等。

三是优化创新人才成长路径。打破学校学习、专业培训等传统人才培养模式，充分发挥团队培养优势，建立“团队＋项目”培养机制。可由水利高层次人才作为团队核心，围绕具体项目问题和关键环节，创新团队组建方式，对于人才来源可不加限制，可由不同院校、研究所、设计院、政策研究机构、国外引进人才或兼职人才组成。团队老中青人才按照相应比例搭配，充分发挥资深专家的经验阅历优势以及青年人才的创新担当优势，在解决实践问题的同时，达到培养人才、锻炼人才的目的。

四是创新人才引进方式。围绕水利重点工程项目和国家重大战略，采取柔性人才引进的方式，按照“不为所有，但为所用”的原则，以完成任务为目标，充分完善和运用好合同管理方式，达到柔性智力引进的目的。通过聘请国际知名专家、学者担任顾问、客座教授，或是采取兼职、合作培养人才、回国讲学、考察咨询等形式提供智力服务。围绕重点任务和目标，与国际水利高校和研究所开展教学科研合作，通过互派留学生、访问学者、联合培养、培训等方式，加强水利高层次人才联合培养力度。建立定期国际研讨会和学术交流活动体系，吸引国内外专家、学者前来交流讲学，加强水利科技信息共享和相互沟通。

五是建立推荐备选名单制度。按照评价标准认定为领军人才的，全部列入院士、全国勘察设计大师等推荐备选名单，认定为青年拔尖人才的，列入水利部5151人才工程等推荐备选名单，列入备选名单的相关人才，享有优先被推荐参与评选各类人才的权利。同时，定期对名单中的人才进行评估考核，实行动态调整。

五、健全有利于创新创业和成长成才的政策环境

一是加大对创新创业人才的激励力度。按照行业分类合理确定绩效工资总量，建立绩效工资水平动态调整机制。对于科技成果转化奖励、通过“公开竞标”获得的科研项目中用于人员的经费等收入、引进高层次人才和团队等所需人员经费，可不计入单位绩效工资总量。

二是完善水利创新突出成果的奖励机制。对于围绕国家重大战略和重大水利工程项目、带领团队取得突破性创新性成果的领军人才或青年拔尖人才，提供物质和精神奖励；对于短时间内发挥重大功能作用、具有应急性质的攻坚克难的团队和人才，应建立适时奖励机制，进一步缩短申请报批期限，及时兑现物质和精神奖励，并进行宣传；打破传统束缚，在职称评选、职务晋升、培训交流、资金规模等方面提供更多支持，为人才发展打造更好的环境和平台。

三是加大科技成果转化奖励相关的激励力度。在水利科技成果使用、处置、收益管理制度方面，进一步提高相关研发团队与带头人的自主权，鼓励自主决定转让、许可或者作价投资，可通过协议定价、在技术交易市场挂牌交易、拍卖等方式确定价格。探索职务发明专利所有权改革，鼓励水利高校、科研院所与领军人才或青年拔尖人才团队，通过约定的方式，分享共同申请知识产权的权利和职务发明专利所有权，以股份或出资比例方式进行奖励。在科技成果转化奖励机制方面，水利高校、科研院所及相关企事业单位要进一步修改完善转化科技成果收益分配制度，扣除研究过程中相关费用后，拿出相当比例的成果转化净收入，以现金、股权等形式用于奖励个人和团队。

四是完善符合人才创新规律的科研经费管理办法。改革完善科研项目招投标制度，健全竞争性经费和稳定支持经费相协调的投入机制，提高科研项目立项、评审、验收科学化水平。进一步改革科研经费管理制度，探索实行充分体现人才创新价值和特点的经费使用管理办法。下放科研项目部分经费预算调整审批权，推行有利于人才创新的经费审计方式。完善企业研发费用加计扣除政策。

第四节　任务三——建设水利人才创新团队

瞄准人才创新团队组建中的关键问题，坚持需求导向，找准亟须统筹解决、适合团队攻关的重大需求，确定团队建设的重点方向、方式方法，健全创新团队的激励保障措施，为加快产出一批重大成果、培养一批适应水利改革发展的创新型人才提供支撑。

一、创新团队组建的关键问题分析

一是找对事。水利人才创新团队应以研究国家重大战略、重大水利工程涉水技术和管理问题为导向，坚持创新驱动。突出国家重大战略、水利四大类工程短板（防洪、供水、生态修复和信息化）和九大业务领域（洪水、干旱、水工程安全运行、水工程建设、水资源开发利用、城乡供水、节水、江河湖泊和水土流失）对水利高层次人才的需求，以研究解决重大科技、重点工程和管理问题为导向，集聚、培养和造就一批高水平创新型人才。

二是选对人。创新团队的类型多种多样，在确定拟利用创新团队解决的重大问题清单基础上，根据不同团队的特点，确定团队的主要负责人及团队的成员结构。以高层次人才库入库人才为主要对象，结合实际工作对科技创新的需要，统筹考虑每个领域创新团队的人才需求、工作目标、重点任务、难点问题和关键环节等，确定创新团队规模、人员数量等。

三是用对方法。对于水利人才创新团队建设中面临的重大问题，特别是跨部门甚至跨系统组建的团队，需要建立有效的团队合作沟通机制，以化解潜在的风险和不利因素，提升团队整体功能。加强对水利人才创新团队的科学管理，研究制定相应的管理办法，为水利人才创新团队提供支撑和保障，激励团队成员做出贡献。

二、确定创新团队建设的方向

紧紧围绕解决国家重大战略、重大水利工程技术和管理等方面的问题，结合水利改革发展重点任务，确定团队的建设清单，推动将团队直接建在“工程”上，打通人才团队建设与水利工作实践的通道。团队建设的方向和目标要明确、清晰，以研究解决重大科技、重点工程和管理问题为着力点。结合当前水利改革发展面临的形势和任务，近期可以组织专门的人才创新团队，从宏观重大研究项目和重点领域战略研究项目两个层次进行集智攻关。

三、创新团队组建的方式方法

人才创新团队创建是各种要素的汇聚过程，一般存在两种力的作用，一是外部压力，二是内部吸引力，这两种力的大小会随着情况的变化而变化。由于外部压力创建的团队为理性的行政导向型创新团队；根据内部吸引力创建的团队为感性的兴趣导向型创新团队。行政导向型创新团队的组建以自上而下方式为主，强调政府意志的体现，具体可由水利部人事司负责整个创新团队建设工作的规划和组织。人事司会同有关司局、单位围绕相关重点任务，研究确定人才创新团队负责人和团队组建的标准，并依托水利高层次人才库遴选符合要求的创新团队成员，提出组建创新团队试点方案，报经水利部人才工作领导小组审定后，予以组织实施。兴趣导向型创新团队主要采取自下而上的组建方式，不仅体现政府意志，还体现创新团队成员的兴趣、喜好等。水利部人事司、有关司局和单位负责整个创新团队建设工作的规划和组织，有意申报建设创新团队的人员按照相关要求准备和提交申请材料，自主确定团队的研究方向、成员构成等内容，经相关遴选和评审程序，报经水利部人才工作领导小组审定后，予以组织实施。为突出服务水利中心任务的目标导向，本书以自上而下的行政导向型创新团队组建为重点，研究提出创新团队组建的具体思路。

四、健全创新团队的管理机制

一是完善团队项目管理机制。建立人才工作领导小组、团队负责人、依托单位相结合的项目管理模式，明确管理环节及相关职责，强化决策、咨询、执行三个功能，保障项目的有效实施和团队协作。依托单位除了提供完成项目任务所必备的经费支持、设备、设施、场所等条件外，还要整合好创新团队的实验条件和大型仪器设备、信息服务等资源，实现科研基础资源的优化配置和高效利用，确保创新团队能够在各方面保障有力、创新氛围浓厚、管理规范有序的环境中成长，使团队得以持续创新和发展。

二是完善团队目标考核机制。建立以目标为导向，注重实绩的考核机制，把团队考核、个人考核相互融合，塑造并加强成员集体荣誉感和责任心，引导团队成员同心同力，建设团结、向上的实干型创新团队。构建涵盖团队性质、成果、人才结构、环境四方面要素的考核体系。团队性质主要从研究的专业领域、状态、潜力等方面进行考核；团队成果主要从论文、专著发表出版数量、获奖情况，特别是实际工作效果进行考核；团队人才结构主要从知识结构、年龄结构、可持续发展能力（“传、帮、带”方面）等方面进行考核；团队环境主要从人际关系和谐度、创新工作环境、思想建设等方面进行考核。强化考核结果应用，把考核结果作为团队和团队成员奖惩的重要依据，纳入团队成员个人成长晋升的重要参考因素。

三是完善团队沟通和文化机制建设。建立高效沟通机制，确保团队内部信息渠道畅通。除定期开展项目汇报外，要借助多层次学术交流（国家层面、行业层面、同行单位层面、项目组层面等）、简报等各种方式的团队活动来增进沟通。大力营造支持团队创新的文化氛围，重视创新、容许失败，民主管理、鼓励竞争，培育勇于创新、追求真理、崇尚科学、淡薄名利的科学精神。注重对团队精神的培养，建立唯贤是举、贡献激励的团队文化，给予成员一定的个性化创新空间，同时强调合作意识，营造顾全大局、协同攻关的文化氛围。

四是完善团队成员身份管理机制。建立适应人才跨单位协作需要的团队成员身份管理机制，解决创新团队既有依托单位，又有参与单位带来的人员管理难题，采取相对灵活的人员身份管理机制。对于必须集中开展攻关的团队，借鉴目前的干部挂职交流模式，对于非项目挂靠单位或非主要依托单位的参加人员以挂职锻炼方式集中到一起工作，在不改变原有人事管理关系的前提下，确保工作时间。对于可以不集中办公的团队，参照现有的联合承担有关项目的人员管理方式，除必要的集中时间外，团队成员均在原单位工作。

五是完善成员所在单位间协作机制。建立受益单位反馈反哺机制，对于团队攻关主要受益单位或重大工程建设单位，要从工作经费中设立一定的项目经费或者保障经费，作为配套经费，满足团队成员实际工作需要，团队成员除人事薪酬等方面的费用外，可不再从原单位列支费用。探索主要受益单位以适当方式加强与人员派出单位的项目合作方式和途径，保障人员所在单位不因人员的派出影响工作进展、经济社会效益等，调动各有关单位的积极性。

五、完善创新团队的激励保障措施

一是建立创新团队奖励制度。加大对水利人才创新团队的奖励力度，重视对科研团队的表彰奖励。对科研产出特别高、取得重大成果的创新团队进行重奖，适时命名表彰“水利部优秀创新团队”。在条件成熟的情况下，可对创新团队人员单独设立奖项，给予表彰奖励。鼓励各直属单位建立创新团队奖励制度，加大奖励力度。

二是给予创新团队优先支持。在人才称号评选方面，优先推荐并支持人才创新团队参加国家重点领域人才创新团队的评选。在项目安排方面，优先安排人才创新团队承担与其研究方向一致的重大、重点业务科研项目。在成果出版方面，优先支持人才创新团队成员在自然科学、技术科学等方面出版优秀和重要的学术著作。在交流培训方面，优先支持人才创新团队开展国内外学术交流和培训，聘请海内外知名专家指导团队工作。

三是完善经济效益保障机制。在团队人员收入分配上给予必要的倾斜支持，在现有绩效工资管理等政策框架下，积极争取绩效工资增长空间，确保一流的人才享受一流的待遇。在研究成果产权归属、成果转让受益、股权激励等方面，探索体现共同受益、人才优先原则的制度保障机制。

第五节　任务四——培养水利高技能和基层实用人才

依托水利院校和相关水利技术支撑单位，加快建设一批技术领先、设施健全、体系完备、务实管用的人才培养基地，为高技能和基层实用人才搭建成长平台，持续提升基层水利人才的能力和素质。

一、优化水利高技能和基层实用人才培养基地布局

“十二五”以来，水利部加快水利技能人才培养进度，组织实施水利行业三年三千名新技师培养计划，选拔优秀青年高级工脱产参加技师专修班，开辟了高技能人才成长的快车道；突破年龄、学历、资历等限制，对做出突出贡献的优秀技能人才，建立绿色通道制度，予以破格晋升职业资格；普遍实行技师和高级技师聘任制度，探索建立水利行业首席技师制度；在水利企事业单位和职业院校中遴选建设高技能人才培养基地，在水利职业院校普遍实行“双证书”制度；组织修订水利行业 9 个国家职业技能标准，分期分批建立 81 个水利行业职业技能鉴定站，基本建成覆盖水利行业的职业技能鉴定网络体系，夯实技能人才开发工作基础。

从 2005 年年底到 2015 年年底，我国水利行业特有工种高技能人才比例由 36%提高到 52%，技师比例由 2.2%提高到 9.6%，高级技师由 114 人增加到 2036 人。一大批优秀水利高技能人才脱颖而出，在防汛抗旱、抗震救灾等紧要关头发挥了重要作用。2012 年水利部组织选拔首批 13 名全国水利行业首席技师，并建立工作室，引领带动水利高技能人才培养。2016 年水利部公布了第二批 30 名全国水利行业首席技师、首批 10 个水利行业高技能人才培养基地（表 3－1）。

表 3－1　　全国首批水利高技能人才培养基地名单

区　域	数　量	基　地　名　称
东部地区	3	黄河水利委员会山东黄河河务局
		浙江同济科技职业学院
		山东水利技师学院
中部地区	6	长江水利委员会水文局汉江水文水资源勘测局 长江水利委员会汉江水利水电（集团）
		黄河水利委员会河南黄河河务局
		安徽水利电力职业技术学院
		长江工程职业技术学院
		湖南水利电力职业技术学院
西部地区	1	四川水利职业技术学院

总体看，我国高技能和基层实用人才培养基地建设刚刚起步，数量仍偏少，覆盖不够全面，尚不能完全满足水利改革发展的迫切需求。建议在现有的首席技师工作室和高技能人才培养基地建设基础上，依托水利职业院校、行业高校、直属单位及重大工程等，优化

基地建设布局，打造功能完善、管理规范、特色鲜明、产教融合的示范性培养基地。

（1）支持有关部直属单位聚焦“补短板、强监管”、服务“一带一路”建设高技能和基层实用人才培训基地。以补齐强监管人才短板、做强“一带一路”高技能人才培养品牌为着力点，依托水利部直属有关单位，建设具有行业特色和引领力的人才培训基地。

（2）支持水利职业院校建设高技能和基层实用人才培训基地。以现有省级水利水电专科学校为基础，实现每一省（自治区、直辖市）至少建设一处水平高、规模大、设施完善、特色鲜明、覆盖领域齐全、以培养技能人才为主要目标的高技能和基层实用人才培训基地。

（3）在部分具有鲜明水利特色的地区建设高技能和基层实用人才培训基地。如在湖北省宜昌市、丹江口市（重大水利工程所在地、重要灌区所在地）等，可依托当地水利专科学校建设高技能和基层实用人才培训基地。

（4）支持各流域机构下属科研、勘测、设计、建设管理等专业技术支撑单位建设高技能和基层实用人才培训基地。鼓励符合条件的单位，根据实际，建设一批有专业特色的高技能人才培养基地，争取实现七大流域机构至少建设一家高技能和基层实用人才培养基地。

具体推进路径是在当前第一批10家高技能人才培养基地的基础上，再建设20家高技能和基层实用人才培养基地。及时总结基地建设的经验，争取在2025年之前再新增建设一批高技能和基层实用人才培养基地，逐步实现东中西部全覆盖、水利各领域全覆盖、不同类型高技能人才全覆盖。基地建设要严格遴选条件，优选遴选程序。要结合区域经济发展趋势，针对基层人才短缺问题，进行基地功能定位。在布局中，要整合和提升现有高技能人才的培养资源。对现有基地进行分类梳理，整合一批、改造一批、新建一批，推动形成辐射城乡、布局合理、类型多元的基地新格局。要着力整合人才培养资源，通过“合并、共建、联办、划转”等形式，进行资源重组，改变分散办学、资源配置不合理的状况，发挥整体最大功能，实现整体最大效益。

二、探索基地多样化人才培养和孵化模式

高技能和基层实用人才培养基地建设要立足于更好服务“一带一路”建设和乡村振兴战略，面向水利改革发展迫切需求，聚焦水利基层专业人才短缺、贫困地区人才匮乏、高技能人才作用发挥不充分等问题，创新培养和孵化模式。

（1）积极推广“订单式”培养模式。针对基层人才“引不进、留不住、提升难”突出问题，依托基地，实施水利人才“订单式”培养专项计划，综合采取定向招生、专班培养、定向就业等方式，大力培养基层专业人才。大力推行理论与实践相结合的“一体化”教学模式。重点是聚焦乡村振兴战略和水利改革发展重点领域，针对水利防汛提升工程、贫困地区病险水库加固治理、农村饮水安全巩固提升、农村水生态修复、水资源节约监管、基层水利服务等领域的实践需求，突出实践能力教学环节，所有专业课教学全部放在实验室、实训室、专业教室中进行，学生在课堂上能听、能看、能操作，在学中做、在做中学，实现理论讲授与技能训练“一体化”。深化校企合作，学生入学即与学院、企业（基层水利单位）签订就业合同。结合专业教学特点和企业岗位要求，建立各专业校外实

训基地，把教学课堂搬到工厂车间、建筑工地，使基地成为教师实践锻炼和学生实训的平台，既使学生在实习岗位上迅速提高实践技能，又为他们就业创造有利条件。

（2）推动健全“三支一扶”培养模式。实施水利“三支一扶”推进计划，推动基层水利单位每年招募700名左右“三支一扶”高校毕业生。坚持面向农村家庭子女开展技能培训，认真贯彻落实国家关于技能扶贫和农村劳动力培训的各项政策措施，积极开办面向农村的招生专业，建立健全各项帮扶和助学机制，确保学生顺利完成学业，并保证能够进入基层水利单位。突出对“三支一扶”定向培养学生的职业道德教育，坚持组织开展革命传统、民族精神、文明纪律、安全法制、心理健康和创新创业等主题教育活动以及各种有意义的社会实践、社会公益活动，经常性地组织开展内容丰富、健康向上、喜闻乐见的学术科技和“爱心捐助”“讲文明、树新风”活动，既培养学生良好的道德品行和文明习惯，锻炼学生的组织与管理能力，又活跃学生的课余文化生活，陶冶学生情操，培养扎根基层、奉献基层的良好品质。

（3）大力构建“一带一路”人才培养模式。着眼水利“走出去”，按照行业引导、校企合作、市场运作的模式，建设水利部服务“一带一路”人才培养基地。该类基地应把培养具有较强创新能力和良好职业素质、奉献精神的全面发展的高技能人才放在重要位置，充分利用办学资源，融合学历教育的优势和技术院校职业资格证书教育的强项，实现“学历＋技能”有效互通，增强“一带一路”人才培养基地培养学生的竞争力和优势。结合“一带一路”项目的具体要求，针对各专业特点和实际情况，对不同专业的学员提出不同的要求，注重过程训练，传授学习要领。在技能训练中，安排项目工程师一对一指导学员，师徒传承，夯实学员专业技能。由老师带领学员到作业处施工一线进行生产性实训，使学员逐步学会技能操作要领，强化质量意识，培养精细作风。注重职业生涯设计，强化服务“一带一路”的就业专项指导，加强毕业生择业方法和择业技巧训练，变被动就业为主动就业。坚持每年举行毕业生供需见面会，实行“双向选择”，为学生就业和企业选才搭建良好平台。

三、创新基地建设的举措

水利高技能和基层实用人才培养基地建设，要不断完善培养方案、强化精细化管理，健全激励与评价机制，推动基地与用人单位在技能培训、人才培养等方面开展合作交流，为高技能人才提供上升通道。

1. 加强顶层设计和统筹规划

（1）探索建立水利行业高技能人才组织统筹机制。将加强高技能人才队伍建设和发展作为水利人才工作的重要内容，纳入水利人才队伍建设规划。加强对高技能人才工作的宏观指导、政策协调和组织推动、督促检查。探索建立有关主管部门参加的协作有效的联席会议制度，及时进行信息沟通、资源共享，定期分析形势和任务，共同解决高技能人才培养工作中出现的问题。

（2）树立正确的人才观和用人导向。打破“唯学历”观，激励高技能人才树立“重技能”观念，不断提升高技能人才的价值地位，提高他们的工薪待遇，建立完善鼓励技能型人才钻研技术业务的激励机制，充分调动他们的聪明才智，增强他们的职业荣誉感、自豪感和责任感，为单位发展做出更多更大的贡献。加强职业教育初期的通识教育，用专业知识、方法技能、社会能力三项做支撑，加强数据信息处理、高新技术运用等关键能力的培养。突出市场导向功能，在专业设置方面注重实用多样，增强市场导向性。

2. 完善培养方案

（1）优化培养目标和课程设置。充分重视企事业单位和学校的信息沟通，在培训内容方面要充分考虑企业生产需要，适应市场的发展变化，对培训效果进行跟踪，及时调整完善培训内容，实时增加新工种、新技术、新工艺等培训内容。科学设置培养目标和课程体系，优化教学标准和培养方案，综合运用信息化手段、专业教材与课件资源，提升基地对人才培养的专业化、标准化、规模化能力。

（2）贯通实施产学联动。严格实施培训认证，对职业技能人才培养实施“2＋1制”，即学生头两年在学校接受职业教育，第三年在企业接受一年的现场实习培训。建立创新实验室，配备相应的原材料，要求学生在规定时间内制作具备创新意义的水利模型，分析制作方案的可行性与合理性，引导学生将理论与实践融合在一起，不断完善自身的知识结构。通过实验室建设，促使学生参与到创新教学中，推动自身得到更好的发展，实现自身协作能力、创新能力的培养。进一步调动企事业单位资源，通过客座教师等形式聘请在工作中有丰富实践经验的专家为学生授课，使人才培训更好满足实际工作需要。

（3）发挥“首席技师”等技术技能带头人作用。在有关工种和关键岗位设立“首席技师”，建立“首席技师工作室”。在设置技师和高级技师资格的水利行业主体工种中，从全国水利行业技术工人中选拔出技术技能杰出带头人。充分发挥高技能人才在科技创新、技术革新、技能攻关、传承技艺中的积极作用，带动劳动者技能素质整体提高，同时为高技能人才开展技术研修、技术攻关、技术创新和带徒传技等活动创造条件，努力推进水利高技能人才队伍建设。

3. 健全管理机制

（1）创新运行管理机制。人才培养基地要成立专门的指导小组，制定各项政策、措施，定期召开分析研讨会，不断提升水利高技能和基层实用人才培养基地的应用价值。组建专家委员会，全面负责基地的创新活动与日常管理，专家委员会可以由学校教师、教授、企业工程技术人员组成，专家委员会定期验收、审查、指导创新课程的开展，不断提升基地的创新水平，实现学生创新能力提升。

（2）拓宽资金投入保障渠道。安排专项资金用于高技能人才队伍建设，落实职业技能培训教材开发、试题库建设、技能人才培养示范基地建设等基础工作经费。

（3）健全高技能人才岗位使用机制。在国家事业单位岗位设置的总体原则下，做好水利事业单位高技能人才岗位设置工作，明确岗位职责，进一步推行技师、高级技师聘任制度。水利企业单位继续实行按照工作需要设置技师和高级技师岗位的制度，继续实行聘任制。技师和高级技师聘任要在取得资格的人员中公开竞争，择优聘任，严格与工资待遇挂钩。

（4）健全有利于激发创新活力的政策制度。结合实际情况，建立专业、有效的水利高技能和基层实用人才培养基地激励政策与制度，完善组织流程，强化教学指导，提升基地管理能力，提升学生参与科技创新活动的内生动力。

4. 强化激励机制

（1）运用好各类职业技能竞赛。重视科技竞赛，为学生提供创新场地，并定期开展各类技能创新比赛、专题讲座、交流会等。以评促学、以赛推学，以基地为平台，组建专门的创新小组代表基地参加“中华技能大奖”“全国技术能手”评选和职业技能竞赛，组织杰出人才积极争取国务院政府特殊津贴专家称号。推动水利高技能人才走出去，支持和鼓励参加世界技能大赛等国际交流交往活动。设置专门奖金机制、保送激励机制等，激发技能人才创新创业的兴趣和热情。

（2）多措并举引导高技能人才立足岗位实干成才。对在技术工人岗位工作的具有干部身份的人员，可根据自愿原则参加申报职业资格考评。对职业技能竞赛中涌现出来的优秀技能人才，按规定直接晋升职业资格或优先参加技师、高级技师考评。以制度创新为重点，健全高技能人才评价选拔制度。进一步突破年龄、资历、学历、身份和比例限制，积极探索和完善符合高技能人才成长规律的多元评价机制。

（3）建立高技能人才招聘引进机制。有计划地从水利职业院校招聘一批具有专业特长、动手能力较强的大专毕业生充实到水利技能岗位（工种）上。优化结构，使高技能人才队伍素质始终保持较高水平。引导和鼓励用人单位完善培训、使用与待遇相结合的激励机制，引导和督促企业根据市场需求，改善对高技能人才的激励办法，对优秀高技能人才实行特殊奖励政策。

5. 健全评价考核体系

（1）建立科学化、规范化的高技能人才鉴定评价体系。完善高技能人才全生命周期管理制度，将高技能和基层实用人才培养基地打造为高技能水利创新人才培养的精品工程。将科技创新纳入教师的绩效考核，不断激发教师和学生参与科技创新的积极性。围绕“培养、集聚”高技能人才和“创新、创业”绩效两个要点，制定完善科学可行的人才培养基地评价体系，对人才、团队的创新创业绩效等情况进行综合评估，推动人才培养基地建设。

（2）实施动态评价管理。建立职业技能复核体系，定期对技能人才取得的职业资格重新考试鉴定认证，通过复核增强竞争上岗能力，使高技能人才按需合理流动。进一步推动完善高技能人才考核评价、竞赛选拔机制，构建以实际工作能力和业绩为重点、注重职业道德和技能水平的人才评价体系。进一步加强考评员、质量督导员以及师资队伍建设，建立定期培训、资格管理和诚信档案制度，保证评价质量。

第四章 水利高层次创新人才培养研究

第一节 水利高层次人才队伍建设的现状

高层次人才指在重要岗位上工作，承担重要任务，能对经济社会发展和科技创新发挥较大作用的人才，一般具有较高的学历或职称资格。水利高层次人才指在水利专业或相关业务领域有较深造诣，或在水利重要岗位工作，能够适应水利改革发展的实践需要，对促进水利行业发展发挥重要作用的高素质人才。根据国家高层次人才队伍建设要求，结合水利改革发展面临的新形势，将水利高层次人才界定为水利领域的战略人才、领军人才、核心人才、骨干人才和青年拔尖人才。

近年来，水利部党组不断健全水利人才工作体制机制，加快推进水利高层次人才队伍建设，强力推动水利创新人才开发，水利高层次人才工作和队伍建设取得积极成效。

一是水利高层次人才制度建设逐步完善。主要表现在以下几方面：

（1）统筹做好顶层设计。全国水利系统创新人才工作格局，在水利部党组的统一部署下，形成了党委（党组）统一领导，组织人事部门牵头负责，有关部门各司其职、密切配合的水利人才工作新格局。根据《国家中长期人才发展规划纲要（2010－2020年）》确定的国家人才发展总体目标，围绕水利改革发展重点任务，明确了高层次人才队伍建设的重点工程和保障措施，推动水利高层次人才队伍建设工作进一步制度化、规范化。

（2）完善人才评价机制。加强人才评价标准体系建设，研究出台《关于进一步加强职称认定管理工作的意见》（职办〔2013〕19号），不断提高人才评价工作规范化水平，努力为人才脱颖而出提供保障。

（3）健全激励约束机制。有效落实《水利部人才奖励办法》《关于进一步完善干部教育培训激励约束机制的意见》（水人事〔2011〕116号），组织开展水文首席预报员、“5151”人才等选拔评选，激励专业技术人员钻研业务、岗位成才，支持领军人才建设创新团队，带动行业人才队伍建设。

二是水利高层次人才质量稳步提升。党的十八大以来，水利领军人才数量显著增加，其中：2人被评为中国工程院院士，1人被评为英国皇家工程院外籍院士，2人被评为全国勘察设计大师，6人入选国家“万人计划”人才工程，2个科研团队入选重点领域创新团队，61人入选“5151”人才部级人选。在高层次人才示范带动下，具有高级专业技术资格的人员比例由11%提升到13%，高层次人才队伍实现整体发展，能力素质稳步提高。

三是水利高层次人才培养取得实效。以高层次专业技术人才培养为重点，引领带动行业技术人才队伍建设。实施学术技术带头人梯队建设工程，依托工程研究中心、重点实验室和重点工程项目等平台，组织开展首席专家、“5151”人才、青年科技英才等选拔培养和创新团队建设，水利高层次人才数量明显增加，重点专业领域和关键岗位专业技术人才素质明显提高，符合成长规律的人才梯队建设日趋合理；根据水利改革发展和专业技术人才队伍建设需要，实施专业技术人才知识更新工程，定期举办高层次研讨、知识更新培训，不断提高专业技术人才的学习能力、实践能力、创新能力和业务水平，高层次人才的示范引领作用不断增强。

第二节　水利领军人才的遴选和培养管理

水利领军人才是引领水利事业创新发展、带动水利人才队伍建设的支柱力量，是推动水利改革发展、破解新老水问题的关键智力支撑。水利领军人才选拔和培养，需针对水利改革发展事业中存在的人才短板和不足等问题，从外部引进、内部选拔、行业培养三方面入手，建立人才的引进、选拔和培养机制，明确相应的标准、具体办法、配套政策需求，强调人才的使用功能，建立领军人才评价和考核制度，构建鼓励创新、宽容失败的容错机制与优胜劣汰的退出机制。

一、水利领军人才选拔和培养机制建设

1. 健全水利领军人才引进机制

针对水利人才短板问题，实施更积极、更开放、更有效的领军人才引进政策，集聚一批站在科技前沿、具有国际视野和能力的水利领军人才。人才引进的重点是突破重点难点领域的高新技术、关键技术瓶颈及重点基础研究方面的高层次专家。加大水利领军人才引进力度，鼓励外籍领军人才来华工作，对符合条件的外籍优秀人才推荐办理人才签证和外国人永久居留身份证，提供来华邀请便利。实行刚性引进和柔性引进两种方式。刚性引进是采取调动、聘用等方式引进人才，柔性引进人才是在部属系统、科研机构、公共服务机构等设立短期工作岗位，吸引高层次专业人才以柔性流动方式，从事教学、兼职、咨询、科研和技术合作、技术和专利入股、合作经营、利润分成、聘请顾问等灵活多样的工作，通过引智实现多领域、多层次的研究合作，“不求所有，但求所用”。进一步强化市场发现、市场认可的国内人才引进机制，大力引进以战略科学家、能驾驭市场的经营管理人才、科技顶尖人才等为代表的高层次领军人才，加大对水利领域急需紧缺的海外高层次人才尤其是外籍专家的引进力度。

2. 构建水利领军人才选拔机制

（1）指导思想。适应水治理开发与管理的需要，全面落实“人才兴水”目标与要求，加大领军人才的选拔力度，着力建立一支数量充足、门类齐全、梯次合理、素质优良的水利高层次专业技术人才队伍，形成一批在全国水利工作中有话语权、有影响力和权威性的专家队伍，发挥好领军人才队伍对水利事业发展的重要支撑作用和对人才队伍建设的引领带动作用，为水利事业可持续发展提供人才保障。

（2）选拔原则。研究水利科研单位领军人才的实际状况和发展需要，在理论基础、实践分析和专家论证基础上，水利领军人才选拔应体现四个基本原则。

1）反映科学性。把握领军人才的基本特征和核心要素，进一步突出“创新人才”导向，强化涉及“创新型”人才直接相关的科技创新、知识创新、自主创新、科研团队创新、核心技术和专利成果等领域与层次。

2）体现合理性。紧密联系水利事业发展实际，紧扣领军人才基本特征和核心要素，契合人才创新客观实际和服务需要。具体包括三个方面：一是从人才自身的角度，主要包括个人能力和业绩，个人能力是人才创新的能力要件和基本要素，为人才创新提供了可能性；个人业绩为人才创新提供了可行条件。二是从人才与需求的角度，结合治水功能定位和水利改革发展需要，考虑领军人才是否匹配现实需要。三是从人才与环境的角度，研判领军人才是否适应客观环境，以及在此环境中是否具有发展潜力。

3）具有实用性。具有现实可行性和实际可操作性，能够适应和引领水利行业新发展，有效破解新老水问题，针对防洪工程、供水工程、生态修复工程、信息化工程等领域的短板，加快建立领军人才创新服务体系，充分释放人才创新活力，促进水利事业提质增效，推动和激发水利改革创新潜能。

4）突出重点性。符合中央关于人才选拔的最新要求，遵循人才发展的客观规律，聚焦防汛抢险、水文水资源、水土保持、规划设计、科学研究等重点领域，重点突出领军人才的能力、业绩和贡献导向，强调“创新”核心属性，使标准设置更加客观、公正。

（3）申报条件。水利领军人才是指在水利领域从事前沿科学技术研究，具有丰富科研经验和较强自主创新能力，善于研发转化先进技术成果、创制国际国内技术标准，在国内水利系统转化科技成果的高端人才。水利领军人才应同时具备下列条件：

1）年龄在55周岁（含）以下，从海外首次到国内水利系统转移转化先进技术成果的科技创新人才以及涉水自主创新能力建设所特需的科学家、工程师。经人才遴选委员会集体研究后，可适当放宽遴选年龄条件。

2）须为近3年作为主要贡献人员在国内水利系统具有科技成果转化的人才，或在参评当年拟转化科技成果且所持技术成熟度较高的人才。

3）研究领域为国家重大战略、重大工程涉水关键技术和管理问题、重大基础问题，已经取得了经第三方专业机构认可的具有自主知识产权的科技成果；或曾主持国内外重点科研项目、关键技术应用项目。

4）在国内水利系统工作，担任研发机构主要负责人、关键研发项目主持人及以上职务的创新人才；或在国内外著名高校、研究机构取得相当于副教授、副研究员及以上职称，并通过创办企业、与企业合作实施、进行技术转让等方式转化科技成果的创新人才；或从事水利软科学研究，取得重大成果，并在部级及以上层面得到肯定或应用。

（4）选拔标准。根据领军人才的主要特点和核心要素，紧密联系水利改革发展实际，紧扣水利人才现状、水利学科设置、水利行业特点，以促进高层次人才发展为目标，突出高层次人才队伍建设的针对性、创新性和可操作性，契合水利领军人才创新创业客观实际和服务需要，聚焦防汛抢险、水文水资源、水土保持、规划设计和科学研究等重点领域，在理论研究和实证分析的基础上，主要以学识经历、原始创新能力、技术先进性及成熟度、科技成果价值、成果转化及产业化前景、知识产权自主性等为主要指标，明确水利领军人才选拔的关键要素和相应权重分配，为水利领军人才选拔提供依据。

3. 完善水利领军人才培养机制

（1）实行水利领军人才分类培养机制。水利领军人才需要在水利科技发展中做出卓越贡献，对水利事业发展起到引领和带动作用。一是面向全国水利系统建立院士、首席专家制度。培养在防汛抢险、水文水资源、水土保持、规划设计、水利信息技术、水环境监测等专业领域有重要影响力的领军人物或在治水工作中有重要影响的创新型领军人才。二是面向重要科研、管理岗位建立学科带头人制度。培养在水文与水资源工程、水利水电工程、港口航道与海岸工程、农业水利工程及相关业务领域取得优秀成果，发挥重要技术统领作用的学科带头人。三是面向水利工作一线建立首席工程师制度。培养在水利业务工作中起骨干核心作用，能够解决实际问题，有发展潜力的优秀应用型人才。

（2）推动人才培养与重大工程项目深入融合。紧扣“补短板、强监管”水利改革发展总基调，实施水利领军人才研修计划，依托著名高校、职业院校、大型企业、跨国公司，强化优势互补、合作补齐短板。组织实施水利领军人才培养工程，依托国家重大科研项目及在优势学科及关键技术领域，集中科研力量培育具有战略眼光、国际视野、创新思维和领军能力的创新领军人才。推动水利领军人才主持或作为主要完成人承担水利部重大科研项目或攻关项目，重点在水资源调度、水土保持、防汛抢险、水资源、信息化等大型水利工程项目开展科学技术研究，推动水利科技进步作出突出贡献并取得显著的经济效益或社会效益。

（3）促进人才培养与团队和平台建设无缝对接。契合新时代治水矛盾的变化和水利改革发展重点任务对人才队伍建设的需求，充分依托水利部重点实验室、工程技术研究中心、博士后工作站等，以科技创新团队建设为核心，分类分级打造水利科技创新团队。积极搭建科研平台，承揽重点工程和研究课题，积极参与国家科技支撑计划等，提高科技创新能力和水平，促进学科建设和人才培养。筹划组建国家级学科带头人团队，加大力度培养水利领军人才，为实现水利治理能力现代化提供坚实的人才保障。加强水利领军人才创新团队建设，将创新团队作为一个科研基础平台，在水利领军人才自身成长的同时，对领军人才提出培养其团队成员，提升其所在团队竞争力的要求。组建一批由国内外水利专家共同参与的国际化创新团队，可灵活采用虚拟团队等团队运行模式。

（4）健全国际化领军人才合作培养机制。充分认识海外高层次人才的重要性、紧迫性和当前面临的难得机遇，健全国际化水利领军人才合作培养机制，不断提高领军人才培养开发的开放度，实施更加积极的领军人才培养开发合作政策。依托构筑水利领军人才培养开发合作示范平台、国际化创新驱动示范平台，推进本国优秀人才国际化培养，推动领军人才培养开发项目国际合作走向更高水平。大力推进与发达国家国际知名高校和科研机构的科研、教学项目合作及学术交流，加强政府间培训项目的合作，开发高端培训项目，每年围绕若干主题组织境外培训班，扩大选送境外培训交流的规模，加快培养一批熟悉国际水利专业领域情况、具备专业资质的水利高端人才。

二、水利领军人才使用管理制度建设

1. 建立健全水利领军人才使用管理机制

水利领军人才队伍在国家涉水战略实施中发挥着关键作用，是引领水利改革发展的重要支柱力量。坚持以更灵活的人才管理机制激发领军人才创新创业活力，强调领军人才的使用功能，鼓励开展具有自主知识产权的原创性、应用性研究。水利系统各级党组（委）要充分认识到加强领军人才队伍建设的重要性和紧迫性，立足当前，着眼未来，加强工作领导，完善政策措施，加强服务保障，着力为用好人才积极营造有利于领军人才成长的体制机制环境。推动领军人才立足本职工作，建立创新团队，通过“传、帮、带”方式，指导和培养一批优秀青年骨干专业技术人才，为高层次专业技术人才培养开发储备后备力量。

2. 强化对水利领军人才的支持保障力度

加大对水利领军人才的资金投入和扶持力度，建立水利领军人才建设专项经费，主要用于资助领军人才的引进、培养和奖励，支持项目启动、科技攻关、发表论著等科研活动，充分调动人才积极性，发挥其潜质，对领军人才在水治理重点和难点问题上给予支持和优先推荐。积极为领军人才营造良好的工作环境，提供融资服务；积极为引进人才提供特定的生活待遇，妥善解决其在居留和出入境、落户、医疗、保险、住房、子女入学、配偶安置等方面的困难和问题。构筑领军人才国际交流和竞争舞台，拓宽国内人才的国际视野，树立世界眼光，提高本土人才的国际交流合作能力。

3. 构建水利领军人才与重大任务匹配对接机制

建立重大任务与领军人才匹配对接机制，促进水利重大工程建设、重大政策制定、重点项目实施向领军人才倾斜，支持领军人才主持重点科研项目和工程项目，参与重大项目咨询论证、重大科研计划和重点工程建设，在科研条件、基地建设、项目经费、知识产权保护等方面给予充分支持，促使领军人才发挥对重大工程建设、重大战略实施的支撑保障作用。优先选拔领军人才承担水利重大科研任务，鼓励领军人才将团队建在工程上，赋予领军人才更大的科研管理自主权和决策权，支持领军人才参与国家重大科研项目研究、重大规划编制咨询、重大技术攻关等。在成果产出上，领军人才使用侧重于重大创造性研究成果的产出，支持领军人才大胆创新、不怕出错，争取产出重大的发明创造，并帮助其在科技成果转化、推广应用等方面作出杰出贡献，使其学术、技术水平处于国际或国内领先水平。

三、水利领军人才评价和考核机制建设

1. 健全水利领军人才评价机制

健全水利领军人才评价机制，首先需要反映领军人才的发展规律，在开展理论研究的基础上确定领军人才的基本特征和核心要素；其次，需要遵循中央关于领军人才评价的最新要求，不宜用学术头衔、“帽子”称号、人才计划入选层次作为领军人才评价唯一标准，应更多突出领军人才的能力和业绩、贡献导向；最后，要结合水利人才现状、水利学科设置、水利行业特点，契合水利部引进、选拔、评价和服务人才的实际需要，并考虑领军人才的事业前景及发展潜力，突出水利领军人才评价的针对性、创新性和可操作性。

水利领军人才评价指标体系构建，要立足于领军人才发展的现实状况和水利改革发展的实际需要，以促进领军人才发展为目标，综合运用文献研究、政策分析、国内外比较研究、实地调研及专家访谈等研究方法，深入调研领军人才评价基本状况及其工作中存在的突出问题，充分总结近年来国内外相关政策在领军人才评价方面的经验，在理论研究和实

证分析的基础上编制评价指标体系，为更好实施水利领军人才计划和支持政策提供参照。

2. 完善水利领军人才激励机制

建立符合水利行情并与国际接轨的科研和管理机制，实行弹性考核制度和激励性薪酬制度。务实推进用人制度的市场化改革，引入科技成果市场化定价机制，以市场价值回报人才价值，以财富效应激发聪明才智。健全鼓励创新创造的分配激励机制，加大科研工作绩效激励力度，提高领军人才科研成果转化收益比例。让领军人才通过创新创造价值，对获得省部级及以上奖励、对推动水利技术进步做出突出贡献的人才，以及能够解决水利重大技术问题或在重大生产实践中发挥主要作用的人员，聘期内给予一次性奖励。加大对各类科技成果的奖励力度。提供必要保障，营造宽松氛围，促进领军人才为水利事业早出、快出、多出成果。注重考核结果的运用，将考核结果与被考核人才的岗位津贴、绩效奖励、职务晋升等直接挂钩，充分发挥考核的指挥棒和风向标作用。

3. 构建水利领军人才容错和退出机制

建立水利领军人才鼓励创新、宽容失败的容错机制，实行领军人才固定期限聘任制。结合水利领军人才评价机制，出台高层次人才绩效考核制度，结合重大项目、重大任务完成情况，重点考核领军人才专业技术水平、业务能力和业绩成果，对领军人才的能力、成果、贡献等进行综合评价。更加侧重于领军人才重大创造性研究成果的产出，定期与不定期相结合开展考核，支持领军人才大胆创新、不怕出错，积极产出重大发明创造，维护在水利改革进程和事业发展中取得重大成绩但存在不足的领军人才，并帮助其在科技成果转化、推广应用等方面作出杰出贡献，使其学术、技术水平处于国际或国内领先水平。构建水利领军人才有效竞争、末位淘汰的正常退出机制，根据年度和聘期考核情况，对领军人才实行动态管理和适时调整，调整出的人才不再享受相关待遇和优惠政策，真正培育一批适应水利改革发展需要的领军人才。

第三节　水利青年拔尖人才的遴选和培养管理

青年拔尖人才是最具创新能力和发展潜力的人才群体。加强水利高层次创新人才队伍建设，必须高度重视对青年拔尖人才的培养支持，从选拔和培养两个方面，着眼于水利人才的基础性培养和战略性开发，明确青年拔尖人才遴选、培养的重点领域和对象，提出青年拔尖人才的选拔标准和培养计划。研究有关配套支持政策，借鉴国家及有关部门青年人才培养经验，提出青年人才使用管理制度办法，设立水利青年拔尖人才专项的具体办法、支持政策，建立符合人才成长规律和有助于青年拔尖人才成长的交流提升机制。建立以鼓励创新、培养能力为主的青年拔尖人才评价和考核机制，形成重基础、求突破的容错机制和动态管理的退出机制，为水利高层次人才提供后备力量。

一、水利青年拔尖人才选拔和培养机制建设

1. 建设水利青年拔尖人才选拔机制

建立水利青年拔尖人才选拔制度，明确青年拔尖人才遴选的重点领域和对象，提出青年拔尖人才的选拔标准，选拔一大批水利青年拔尖人才，为推动水利领域领军人才队伍建

设提供后备力量。

(1) 基本原则。

1) 坚持目标和问题导向。聚焦水利改革发展的重点领域，以涉水关键技术和管理问题、重大基础问题为导向，结合青年人才特征，考量水利青年人才现状、水利学科设置和水利行业特点，水利青年拔尖人才的遴选范围应在防汛抢险、水文水资源、水土保持、规划设计、科学研究等领域。水利青年拔尖人才遴选着眼于培养未来水利领域高层次领军人才，以及对我国水利行业发展具有持续影响的青年人才。

2) 坚持专业潜力优先。专业潜力是青年人才取得真正高水平、创新性专业成就的关键要素，青年拔尖人才遴选重点考察申请者的专业发展潜力。在水利行业和学科领域具有较高专业水平，并在工作中表现出较强发展潜力的青年人才，是选拔支持的重点。

3) 推动体制机制创新。通过实施水利青年拔尖人才支持计划，进一步创新人才培养开发、评价发现、选拔使用、激励保障机制，建立以品德、能力和业绩为导向的社会化人才发现机制；设立专门经费，对青年拔尖人才成长实行长期稳定支持；支持青年拔尖人才独立承担或主要参与国家重大工程或建设项目，营造鼓励青年拔尖人才自由探索、潜心研究、勇于创新的研究环境。

4) 坚持好中选优。入选计划的青年拔尖人才必须具有很强的研究水平和创新能力，具有很好的发展势头和较大的成长空间，做到好中选优、优中选强，并建立严格的考核淘汰机制，确保选拔的青年拔尖人才质量和水平。

(2) 申报条件。水利青年拔尖人才申报条件主要包括两个方面：一是“硬件”条件，申报者原则上应在 35 周岁以下、获得硕士及以上学位、在国内全职工作 1 年以上。这是专门针对国内水利青年人才的特色计划，对于超过 35 周岁的人才、拟从国外引进的人才等，均有其他重大人才工程给予支持。对于在水利领域国际学术前沿取得重大突破的特殊人才可破格申报。二是“软件”条件，申报者应在同龄人中具有突出的专业水平和发展潜力，但不对论文、职称等条件作出具体规定。这主要是遵循科学人才观，根据人才成长的一般规律，35 岁左右的青年人才是最有创新激情和创新能力的群体，科技人才创造力最强的年龄峰值是 37 岁，在一定程度上体现了其科技的适应能力和创新能力，不能单纯以论文、专著、职称、专利等条件作为选拔标准，重点强调其业务前景和专业发展潜力。

(3) 选拔标准。深入分析青年拔尖人才选拔标准特征，结合文献研究、实地调研和专家访谈意见，水利青年拔尖人才人选应具备政治素质高、敬业精神强、专业基础扎实、业务水平高、业绩突出等品质，能够做到科研有建树，技术有创新，管理上台阶，应用有成就。

1) 基本素质。具有较高的政治素质，热爱水利事业，有强烈的事业心和奉献精神；作风正派，并具有较强的科研、规划、设计的组织实施能力及良好的职业道德。人选一般应具备硕士及以上学历学位，并具备高级专业技术职务任职资格，年龄在 35 周岁以下，特别优秀的，年龄可适当放宽。对水利事业做出特别突出贡献的人员，可不受学历和职称的限制。

2) 业务能力。在水利行业、学科专业方面产生较好的社会效益或经济效益，有较高的学术造诣，取得较好成绩，具有发展潜力的青年人才。

3）业绩成果。业绩成果应符合下列条件之一：一是在水利科学研究中，作为国家科技攻关项目或重大课题研究的主要完成人，取得的科研成果具有重要的科学价值，科研水平处于国内领先水平，并能尽快转化成生产力，产生较显著的社会效益或经济效益；或其科研成果获国家级三等奖、省部级二等奖以上，部属系统科技进步奖一等奖以上。二是在防汛抢险、水文水资源、水土保持、规划设计等重大生产工作中，做出突出贡献，解决关键性的复杂技术难题，有较明显的社会效益或经济效益。三是在技术开发、应用方面，直接参加重要技术发明、革新和改造，做出突出贡献，其技术成果在水利系统得到广泛应用，在国内处于领先地位；在科技成果的推广应用方面做出巨大贡献，并取得较大的经济、社会和环境效益。四是从事水利软科学研究，取得突出成果，并在部级及以上层面得到肯定或应用。

（4）选拔认定。青年拔尖人才的选拔认定坚持“民主、公开、竞争、择优”原则。为尽可能多地把优秀青年人才推荐上来，选拔工作采取多方推荐、组织评审相结合的方式。选拔认定方式和步骤如下：

1）推荐和申报。人选产生采取以下方式：一是部属系统各部门（单位）负责推荐本部门（单位）优秀青年人才参加评选。二是其他用人部门（单位）负责本部门（单位）或本领域优秀青年人才的推荐工作。青年人才可根据自身条件，按照有关规定填写申报材料，向有关部门提出申请。

2）资格审查。青年拔尖人才评选工作小组对推荐人选的条件、资格进行审查。

3）专家评审。由青年拔尖人才评选工作小组聘请各领域内知名专家对青年人才的申报材料进行第一轮评审，提出初步人选。邀请国内外知名专家学者，采取面试等方式进行第二轮评审，确定入选名单。

4）讨论认定。根据专家评审意见，综合考虑专业、学科领域均衡分布等要求，由青年拔尖人才评选工作小组讨论确定最终入选名单。

5）人选公示和公布。入选拔尖人才计划的人才名单通过新闻媒体向社会公示后，正式向社会公布。

2. 建设水利青年拔尖人才培养机制

为加强水利青年拔尖人才的基础性培养和战略性开发，有效缓解水利高层次人才开发力度不够、高层次领军人才匮乏且后备力量不足的突出问题，每年重点培养扶持一批35岁以下并有良好发展潜力的青年拔尖人才，加大工作力度，完善工作制度，重点扶持、跟踪培养，促使青年拔尖人才健康成长，培养其成为水利专业领域品德优秀、专业能力出类拔萃、综合素质全面的学术技术带头人，形成水利领域领军人才的重要后备力量。

（1）建立更加精准的人才培养机制。建立青年拔尖人才培养制度，着眼于青年人才基础性培养和战略性开发，以高层次专业技术人才为标杆，引领带动行业青年拔尖人才队伍建设。在河流泥沙、水土保持与生态治理、堤防安全与病害防治、水生态环境等重点学科领域，借助学科优势和现有科研力量，把握好年龄层次，突出业绩成果，有针对性地、有计划地选拔培养一批崭露头角、取得较好业绩、发展潜力较大的青年拔尖人才。根据水利改革发展和专业技术人才队伍建设需要，定期举办高层次研讨、知识更新培训，不断提高优秀青年人才的学习能力、实践能力、创新能力和业务水平。设立青年拔尖人才专项培养支持计划，在重点学科领域加快培养扶持一批青年拔尖人才。

（2）促进重大工程项目与人才培养融合。遵循水利高层次专业技术人才选拔培养的一般规律，按照水利改革发展的现实需要，整合、规划并适时推出相应的人才工程项目，通过分层分级培养青年人才，按照不同年龄层次和承担科研项目的能力，分级设置和培养青年科技英才，并与国家“杰青”“优青”等制度接轨。通过国家级、省部级青年人才培育工程，加大对青年专业技术人才选拔力度。实施水利青年拔尖人才建设工程，围绕泥沙变化调控、水资源开发利用、洪水防御、水生态保护等治水重大课题开展科技攻关，组织开展青年科技英才等选拔培养和创新团队建设。设立青年拔尖人才科研专项，优先支持申报水利科技示范项目，鼓励参与主持或负责重要科研项目，培养造就一批高素质、专业化水利人才。

（3）加强人才培养科研平台建设。搭建培养平台，优化成长条件，加大培养力度，使青年拔尖人才尽快成长起来，加快成为国家层面的领军人才。依托科研平台、创新团队、博士后流动站等加大对青年人才的培养力度，支持开展交流培训、实践锻炼，加强教育引导，开展跟踪培养，实行动态管理。加强与水利院校人才战略合作，针对青年特点，选聘相关学科专家、学术带头人担任学术导师，对青年拔尖人才进行重点培养指导，督促培养单位制定、实施培养计划。搭建与水利科研机构、高校之间的交流培训平台，共建研究生联合培养基地，加强科研创新和学术交流方面的合作，组织青年人才定期开展学术交流，参加业务培训，定向跟踪培养，促进能力提升。

（4）推进创新团队与人才梯队建设。为保持高层次专业技术人才队伍建设的可持续发展，不断提升水利人才竞争力，可在河流泥沙、地下水环境、生态治理、防汛信息化等重点学科领域，实行青年人才梯队培养计划，每年重点选拔和培养扶持一批有发展潜力的青年拔尖人才，确保水利高层次专业技术人才后继有人。加快人才培养成长和创新团队建设的“孵化器”建设，依托工程研究中心、重点实验室以及国家重大研发或工程项目，共建科技创新科研团队，组织支持业务骨干参加高层次学术组织，使其能够紧跟前沿技术，开拓视野，提高层次。加快青年人才培养梯队建设，在关键领域培养、引进一批青年拔尖人才，形成布局合理、结构科学的人才梯队，不断提升人才队伍整体竞争力。

（5）完善人才培养开发的配套政策体系。发挥政策促进青年拔尖人才创新发展的引领作用。一是财政引导政策。水利部门、相关企业和研发机构等用人单位支持青年人才发展的住房货币补贴、安家费、科研启动经费等费用，可依法列入成本核算。二是激励分配政策。完善青年人才发展的政策保障，形成有利于青年人才创新创业的激励政策和分配制度。三是配套服务政策。对经过选拔的青年拔尖人才，在医疗保险、配偶就业、子女上学、住房等方面给予优先安排或适当资助，不断拓宽服务领域，提升服务能力，增强服务实效，提供公平、高效、专业的服务，形成人人渴望成才、努力成才、竞相成才的良好氛围。

（6）健全国际化合作培养机制。加强对优秀青年人才的国际化培养，强化海内外人才智力交流合作，不断提高青年拔尖人才培养的开放度，实施更加积极的青年人才培养合作政策，利用好全球资源培养国际化、专业化青年人才。推进本土水利人才国际化培养，建立公派出国交流专项，加大对青年拔尖人才出国留学的支持。推动青年拔尖人才培养开发项目国际合作走向更高水平，大力推进与发达国家的国际知名高校和科研机构的水利领域科研、教学项目合作及学术交流，大力吸引海外知名大学、研发机构来华设立研发中心，扩大青年人才联合培养的交流频度和规模，不断提升青年人才培养开发的国际化水平。

二、水利青年拔尖人才使用管理制度建设

水利青年拔尖人才是水利行业科技创新队伍中最具创新活力的群体，建立健全水利青年拔尖人才的使用管理制度办法，建立有助于青年拔尖人才成长成才的交流提升机制，营造青年拔尖人才脱颖而出的良好环境，有助于培养、凝聚和使用优秀青年科技人才，持续提升水利行业科技创新能力。

1. 建立健全水利青年拔尖人才管理机制

坚持在使用中培养人才，依托水利青年拔尖人才专项，建立健全青年拔尖人才管理机制，实现与水利青年拔尖人才选拔、培养机制的衔接配套，畅通参加重大工程建设、重大政策制定、重点项目实施的渠道。青年拔尖人才专项实行项目责任制，科研项目立项须经科研主管部门审核，经费使用进度不实行年度考核，原则上3年内统筹使用，确有需要可延长2年。入选青年专家调整工作单位，财政给予的支持经费一并流转。主管部门要完善管理制度，实行重点扶持、跟踪管理，促使一大批青年拔尖人才健康成长。

2. 加大对水利青年拔尖人才的支持力度

根据学科发展和人才培养的需要，通过水利青年拔尖人才专项培养计划，分层次、多渠道加大对优秀青年拔尖人才的支持力度。推动人才工程项目与政策向青年拔尖人才支持和倾斜，鼓励博士毕业2年内或硕士毕业5年内、35岁以下的青年人才通过竞争获得经费支持。可根据水利科学领域的不同确定支持强度为30万～60万元，支持期限为3年。赋予青年拔尖人才科研自主支配权，推进人才项目成果同干部任职定级、选拔任用、职称评聘和评优评先结合起来发挥效用，促进水利人才队伍能力素质的整体提升。

3. 建立水利青年拔尖人才交流提升机制

建立符合青年人才成长规律的交流提升机制，推动水利科研机构完善博士后管理制度，将在站博士后纳入项目聘用管理，由用人单位以基本运行费方式予以专项支持。加强对优秀青年拔尖人才的国际化培养，选派和支持青年拔尖人才参加国内、国际学术会议，开拓青年人才的国际视野，提高交流合作能力。部属系统各单位和各基地可结合区域和学科特点，定期举办以科技政策、发展战略、科研管理等为内容的学习研讨班，培养青年人才的政策水平和战略思维能力，不定期举办青年人才工作研讨会，相互借鉴与交流，了解青年人才成长的需求，切实有效地推动青年人才工作开展。

三、水利青年拔尖人才评价和考核机制建设

结合青年人才特点，建立以鼓励创新、培养能力为主的青年拔尖人才评价和考核制度，重点对其原始创新能力、基础研究能力、发展潜力、业绩成果等进行综合评价，定期与不定期相结合开展考核，建立重基础、求突破的容错机制和正常退出机制。

1. 健全水利青年拔尖人才评价机制

进一步改进人才评价机制，坚持德才兼备，注重凭能力、实绩和贡献评价人才，克服

唯学历、唯职称、唯论文等倾向，充分发挥用人主体在青年拔尖人才评价中的主导作用，引导青年拔尖人才潜心钻研业务，努力提升专业技术水平。创新人才评价方式，可按照相关要求，以自选项目报告、研究报告、业绩报告等代表性成果替代论文申请职称评审。在实际工作中做出重大贡献的青年人才，可按规定破格申报高级职称评审。调整考核方式，结合项目情况采取年度报告、中期评价、终期考核相结合的方式进行。中期评价不设定硬性指标，以主观评价为主，重点考察从事课题研究的原创性、创新性以及研究进展所反映的发展潜力。终期考核强调实际成果的产出，根据拔尖人才的业务领域，重点从科研学术价值、创新成果、持续创新能力等方面进行考核。发挥考核的指挥棒作用，将考核结果运用于实际工作中。

2. 完善水利青年拔尖人才激励机制

加强水利青年拔尖人才激励机制建设，推动《水利部人才奖励办法》《关于进一步完善干部教育培训激励约束机制的意见》（水人事〔2011〕116号）等的有效落实。指导业务机构不断完善科研绩效奖励分配办法，适当拉大收入差距，充分体现多劳多得、优绩优酬。加大奖励力度，注重发挥经济利益和社会荣誉价值的双重激励作用，使青年拔尖人才在创新创造中有收益、有荣誉、有地位，让人才切实感受到知识创造的价值。每年评选一次年度先进单位和个人，每三年评选一次先进集体和先进工作者。加大先进事迹、优秀人才宣传力度，主要宣传专业技术人才，增加其荣誉感。

3. 构建水利青年拔尖人才容错和退出机制

构建水利青年拔尖人才重基础、求突破的容错纠错机制。从制度文化角度看，容错纠错机制承载着鼓励创新的价值追求，目的是形成积极进取、包容失败的制度文化。强力支持那些在水利改革进程和事业发展中敢做敢为、锐意进取的青年拔尖人才，最大限度调动青年拔尖人才改革攻坚、干事创业的积极性、主动性和创造性。建立水利青年拔尖人才正常退出机制。人才退出机制是人力资源战略的重要组成部分，主管部门根据水利业务发展战略需要，以定期与不定期的绩效考核结果为依据，推动青年拔尖人才持续实现岗位、绩效与薪酬的匹配，对达不到要求的拔尖人才依据程度的不同采取暂缓支持、末位淘汰等方式，实现人才资源的优化配置。

第五章

水利人才创新团队建设研究

第一节　水利人才创新团队建设的需求分析

本节首先梳理国家重大发展战略，在此基础上从管理、工程项目和专业技术三方面分析水利人才创新团队的需求；梳理国家重大水利工程，从防洪工程、供水工程、生态修复工程和信息化工程四个方面剖析水利人才创新团队的需求；在基于国家发展战略和重大水利工程的水利人才创新团队需求分析的基础上，研究确定创新团队的组建方向。

一、基于国家战略层面的水利人才创新团队需求分析

人才创新团队建设的主要目的是打通人才流动使用的通道，推动人才培养使用与国家发展战略和重大水问题深度融合。要瞄准国家发展战略涉水领域，以提升服务国家发展战略的能力为发展目标，分析基于国家发展战略层面的水利创新团队建设的需求情况。

水利人才创新团队建设的目标为：以入库高层次创新人才为主要对象，根据“一带一路”水利国际合作、京津冀一体化中的雄安新区建设、长江经济带建设中的生态修复、全民节水行动计划、乡村振兴战略等国家重大战略实施对科技创新任务的需要，按照每个领域2～3个创新团队数量的规模水平，牵头创建20个专业领域相关、人员结构合理的高水平水利人才创新团队。因此，本书以一带一路、京津冀协同发展、长江经济带、粤港澳大湾区建设、长江三角洲区域一体化五个国家区域发展战略以及全民节水行动计划和乡村振兴战略为基础进行水利创新团队需求分析。

1. 基于“一带一路”建设战略的水利创新团队需求分析

（1）管理层面：强化顶层设计，加快编制水利服务“一带一路”专项规划。水利服务“一带一路”顶层设计尚未形成，对“一带一路”沿线国家水利合作需求缺乏广泛调研与深入分析，对水利“走出去”重点国家、重点领域、合作途径、融资渠道等方面的顶层设计尚未完成。对沿线国家相关发展战略的研究不够深入，尚未形成有效的政策对接。水利企业“走出去”、水利援外及多双边合作等相关工作统筹有待进一步加强，以形成有效合力。积极对接“一带一路”沿线国家的发展战略、发展规划、机制平台和具体项目，加强政策沟通，提高合作层次，促进各项政策的落实与项目落地。

（2）工程项目层面：解决好重大项目、金融支撑、投资环境、风险管控、安全保障等关键问题的需求。2018年8月，习近平总书记在推进“一带一路”建设工作5周年座谈会上强调：“要坚持稳中求进工作总基调，贯彻新发展理念，集中力量、整合资源，以基础设施等重大项目建设和产能合作为重点，解决好重大项目、金融支撑、投资环境、风险

管控、安全保障等关键问题。”

1）工程项目规划与前期工作需求。东南亚等地区水资源开发利用程度低，经济社会快速发展对水利的需求不断提升，存在开展系统性水利规划与前期工作合作的机遇。规划合作要从工程规划扩展到流域、区域、乃至国家层面的战略规划和综合规划。勘测设计合作要从工程勘测设计扩展到供水、节水、防洪、水电开发、水环境保护等各个领域。基于我国丰富的工程设计经验，还可深入开展工程咨询合作。

2）工程项目建设与管理的需求。转变融资模式，拓宽业务范围的需求。一是决策管理中国化需求。水利工程项目决策管理涵盖工程项目投资决策、重大事项及人事决策、现场安全质量决策等内容，贯穿项目整个生命周期，控制决策就意味着控制了风险。二是执行管理属地化需求。海外项目建设影响因素涉及政治、文化、市场及法律技术规范等多方面内容，不确定性因素突出，加之带资承包的市场模式，都对我国对外水利企业风险预控能力提出了更高要求。

（3）专业技术层面：加快水利技术标准国际化进程，关注沿线国家水利发展需求强烈的相关技术前沿问题，保持专业技术优势。

1）水利技术标准国际化需求。我国水利水电技术实力处于世界领先水平，但国际市场上只有拉美、非洲、东南亚极少部分国家的工程设计、施工管理采用我国的技术和标准，这与我国的技术实力极不相称。

2）沿线国家水利发展需求强烈的相关技术研究需求。“一带一路”沿线国家水问题突出，在水利领域有比较强烈的发展需求，与我国的优势领域十分契合，双方存在广阔的合作共赢空间。水利行业需要加强在防洪减灾、水电开发、供水工程、水资源规划与管理等专业技术的研究。

2. 基于京津冀协同发展战略的水利创新团队需求分析

（1）管理层面：水利管理体制改革与机制创新。水利部可结合机构改革，与有关部门、地方共同完善流域管理与行政区域管理相结合的水资源管理体制，为京津冀协同发展提供水资源统一保障。一是健全水生态补偿机制，推进重要河流水生态补偿工作。二是推进水价改革和水权水市场建设，完善水价形成机制，提高地下水水资源费征收标准；加快完成跨省河流水量分配，搭建水权交易平台，完善交易制度，推进多种形式的水权交易流转。三是建立鼓励社会资本投资水利的机制，创新水利项目融资模式，推进政府购买水利公共服务，引导社会力量参与水利管理。

（2）工程项目的需求层面：新阶段推动落实京津冀协调发展战略，需要强有力的水利支撑。京津冀地区面临严峻的水资源、水环境等问题，亟须实施地下水超采区综合治理、推进河湖生态保护和修复、完善流域防洪减灾体系，不断满足京津冀协同发展对水资源、水生态、水安全的需求。

1）实施地下水超采区综合治理。我国人多水少、水资源时空分布严重不均。华北地区是我国缺水最为严重的地区之一，特别是京津冀地区。

2）以实施一批生态保护工程为抓手，推进永定河等“六河五湖”综合治理与生态修复。

3）完善流域防洪减灾体系。做好流域水旱灾害防御，确保防汛供水安全；加强流域和流域所属重大水利工程督导检查考核监管，确保安全运行；深化水利“放管服”改革，提高依法治水管水水平；深入推进各项管理改革，实现规范高效运行。

3. 基于长江经济带发展战略的水利创新团队需求分析

（1）管理层面：长期以来，长江水利委员会深入贯彻中央治水方针和水利部党组决策部署，坚持以规划为先导、防洪为重点、大型水利工程建设为基础、水行政管理为手段、科技创新为支撑，初步建立了以流域管理与行政区域管理相结合的管理体制，在水资源节约、配置和保护、河湖水域岸线管理、采砂管理、水政执法等方面充分发挥作用，维护了流域良好的水事秩序。

（2）工程层面：长江流域水利工程体系在流域防洪、供水、发电和航运等方面发挥了重要作用。随着流域治理开发由开发为主全面转向开发保护并重、更加侧重保护的新阶段，发挥水利工程生态作用的要求日益迫切。在长江经济带发展中，要注重发挥水利工程体系的生态作用，推进生态调度、河湖湿地生态补水、河湖水系连通等，促进长江流域生态环境保护。

（3）技术层面：在推进长江大保护的攻坚期，面临的新任务新需求新挑战更多，水利科技创新的任务更加繁重，为实现高质量发展，必须要牢牢抓紧抓实为长江生态大保护提供积极可靠科学的技术支撑。一要加强水利基础科学研究；二要加强治江重大科技问题研究；三要加强水生态环境保护科技创新。

4. 基于粤港澳大湾区建设战略的水利创新团队需求分析

（1）管理层面：建立粤港澳大湾区水利合作机制和管理平台。无论是内江还是近海，大湾区的11个城市均存在着广泛的水利联系，有必要建立良好的合作机制来规划、实施和管理水利事务。城市之间需要建立紧密的沟通合作渠道和更有效的平台，从大湾区全局发展的角度来考虑水利事务的发展和管理。国家层面在编制大湾区相关规划时，可以适度考虑建立相应的平台来适应大湾区发展。

（2）工程层面：

1）水资源保障工程。如何破解水资源时空分布不均，更好地为粤港澳大湾区建设提供安全可靠的水资源保障，是亟须研究解决的重大问题。要加强粤港澳大湾区水资源保障，加快建设珠江三角洲水资源配置工程、澳门第四条供水管道工程、平岗—广昌原水供应保障工程，加强城市应急备用水源建设，推进东莞市东江与水库联网供水水源工程，大力提高区域水资源承载能力。

2）生态水利工程。提高粤港澳大湾区水生态安全保障水平，需要强化水功能区监管，优化入河排污口布局，严格控制入河湖排污总量，全面提升区域水环境质量；坚持自然恢复与人为修复相结合，加快推进深圳、珠海市海绵城市建设和广州、珠海、东莞等国家水生态文明城市试点建设，积极推进珠江三角洲河道整治与水生态修复，打造具有岭南特色的平安绿色生态水网。

3）水利防灾减灾工程。提升粤港澳大湾区水利防灾减灾能力，加快西江干流治理工程和潖江蓄滞洪区建设与管理工程等重点水利工程建设，加快江海堤围达标加固、城市易涝点整治等工程建设，积极支持澳门特区加快内港海傍区防洪（潮）排涝工程前期论证和建设工作。

（3）技术层面：粤港澳大湾区在供水安全、水生态环境及防灾减灾等方面需要不断提高相关水利专业技术水平。目前粤港澳大湾区新老水问题交织，水利科技要在解决粤港澳大湾区重大水问题方面提供支撑。同时，粤港澳大湾区要建成世界一流湾区，必须提高基础设施管理水平和效率，如建设基于大数据的精准预报预警系统和协同管理平台，推动大湾区水安全智慧化管理，以科技创新手段防患重大水灾害和水安全隐患风险。

5. 基于长江三角洲区域一体化发展战略的水利创新团队需求分析

（1）管理层面：强化流域水利行业监管，明确江河湖泊、水资源、水工程、水土保持、水利规划、水利资金、水利政务等重点监管领域的重点监管内容，围绕法制、体制、机制、自身能力等方面完善监管体系。同时要建立和完善协同和补偿机制。水的治理需要整个流域的各区域、各部门形成合力，一方面要通过流域洪水安排、水量分配、排污控制等形成联防联控的协同机制；另一方面要加强流域水资源保护、水生态保护、水土保持和蓄滞洪区运用补偿机制建设，建立统一规划、执法和跨部门、跨区域协商机制，实现流域有机融合。

（2）工程层面：加快补齐流域水利工程短板，重点围绕防洪、供水、生态修复、信息化四大类工程，加快补齐补强流域水利基础设施短板。一是保障防洪安全；二是合理开发利用；三是维系优良生态；四是稳定河势河床。

6. 基于全民节水行动计划的水利创新团队需求分析

（1）管理层面：对照党的十九大提出的新要求，节水制度体系和激励机制仍然存在两个方面的问题。一是节水制度刚性约束不够。节水立法滞后，现有制度执行难度大、监管手段少。节水职责不明确，节水措施落实不到位。二是节水内生动力不足。水资源总量控制、定额管理制度亟待进一步完善，尚未形成完善的财税引导和激励政策，部分地区水价形成机制尚不能全面客观反映水资源的稀缺性和供水成本，难以激发用水户的自主节水投入和技术创新。准确把握节水行动计划基本要求，水利人才创新团队可聚焦：

1）完善节水管理体系。构建覆盖蓄、供、输、用、排等各涉水环节的全链条节水管理体系。

2）完善相关节水制度。严格落实水资源开发利用总量、用水效率和水功能区限制纳污总量控制，强化节水约束性指标管理。建立健全水资源论证制度。

3）完善相关节水激励政策。完善节水优惠政策。可将节水型社会建设作为公共财政投入的重点领域，设立节水型社会建设专项资金，逐步增加各级政府对节水型社会建设的投资规模和补助强度，使节水型社会建设投入与财政收入同步增长。落实节水税收优惠政策。

（2）工程层面：2015年国务院部署172项节水供水重大水利工程。一要推进重大农业节水工程，突出抓好重点灌区节水改造和严重缺水、生态脆弱地区及粮食主产区节水灌溉工程建设。二要加快实施重大引调水工程，强化节水优先、环保治污、提效控需，统筹做好调出调入区域、重要经济区和城市群用水保障。三要建设重点水源工程，增强城乡供水和应急能力。四要实施江河湖泊治理骨干工程，综合考虑防洪、供水、航运、生态保护等要求，提高抵御洪涝灾害能力。五要开展大型灌区建设工程。坚持高标准规划，在东北平原、长江上中游等水土资源条件较好地区新建节水型、生态型灌区。

（3）技术层面：

1）城镇生活节水技术。改革创新高效节水器具开发、分类收集及互联输送、污水源分离及资源化利用、雨水高效利用、非传统水源安全回用水质保障等技术研发，解决城镇生活用水多水源多用户的水量平衡和水质转化关系等科学问题。

2）工业节水技术。工业节水可分为技术性和管理性两类。其中技术性措施包括：一是建立和完善循环用水系统，其目的是提高工业用水重复率。二是改革生产工艺和用水工艺，主要技术包括：省水新工艺、无污染或少污染技术，以及推广新的节水器具。

3）三是农业节水技术。农业节水技术主要包括工程节水技术、农艺节水技术、生物节水技术和管理节水技术。

7. 基于乡村振兴战略的水利创新团队需求分析

（1）管理层面：围绕加快转变农业发展方式，大力实施国家农业节水行动，深入落实最严格水资源管理制度和水资源消耗双控行动，科学确定灌溉制度，健全完善农业节水政策和激励约束机制，鼓励农业节水技术研发和装备产业化发展，促进节水灌溉技术与农艺、农机、生物、管理等措施的集成融合。建立市场化多元化生态补偿机制。健全地区间、流域上下游之间横向生态保护补偿机制，探索建立生态产品购买、森林碳汇等市场化补偿制度。建立长江流域重点水域禁捕补偿制度。紧紧围绕体制机制创新，做好农田水利设施产权制度改革。以完善产权制度和要素市场化配置为重点，激活主体、激活要素、激活市场，增强改革的系统性、整体性、协同性。

（2）工程层面：聚焦夯实农业生产能力基础，加快完善现代水利基础设施网络。大力推进水源工程和灌溉工程建设。一是围绕水源有效供给，加快推进骨干水源工程建设。二是围绕现代农业发展，加快推进农田灌溉工程建设。

（3）技术层面：大力发展数字农业，实施智慧农业林业水利工程，推进物联网试验示范和遥感技术应用。提高抗旱防洪除涝灌溉节水技术水平。

二、基于国家重大水利工程层面的水利创新团队需求分析

聚焦重大水利工程建设、实施湖泊湿地保护修复工程、修复华北平原地下水超采及地面沉降、更多运用成熟应用技术等十大水问题，围绕节水供水重大工程、生态水利、智慧水利等战略实施和建设中亟待解决的重大科技问题和难点，提出重大水利科技需求，作为组建创新团队、选拔高层次人才、开展重大科技攻关和工程任务的重要依据。整体而言，重点要补好以下方面的短板。

一是防洪工程。针对我国部分江河控制性枢纽工程不足、一些河流堤防防洪标准较低、部分城市积水内涝问题凸显、水库安全度汛风险总体较高、蓄滞洪区建设相对滞后等情况，全面贯彻落实中央财经委员会第三次会议关于提高我国自然灾害防治能力的重大决策部署，加强病险水库除险加固、中小河流治理和山洪灾害防治，推进大江大河河势控制，开展堤防加固、河道治理、控制性工程、蓄滞洪区等建设，提升水文监测预警能力，完善城市防洪排涝基础设施，全面提升水旱灾害综合防治能力。

二是供水工程。针对我国部分区域工程性缺水问题突出、农村饮水安全还不巩固、大中型灌区灌溉水源保障能力不足、骨干灌排工程配套不完善等情况，大力推进城乡供水一体化、农村供水规模化标准化建设，尤其要把保障农村饮水安全作为脱贫攻坚的底线任务，全面解决建档立卡贫困人口饮水安全问题，加快解决饮水型氟超标问题，进一步提高农村地区集中供水率、自来水普及率、供水保证率和水质达标率。加快实施全国大中型灌区续建配套节水改造，按期完成大型和重点中型灌区配套改造任务，积极推进灌区现代化改造前期工作，加快补齐灌排设施短板。深入开展南水北调东中线二期和西线一期等重大

项目前期论证，在满足节水优先基础上开工一批引调水、重点水源、大型灌区等重大节水供水工程，加快推进水系连通工程建设，提高水资源供给和配置能力。

三是生态修复工程。针对河湖萎缩、地下水超采、水土流失等生态问题，深入开展水土保持生态建设，以长江、黄河上中游和东北黑土区为重点，加快推进坡耕地整治、侵蚀沟治理、生态清洁小流域建设和贫困地区小流域综合治理。加强重要生态保护区、水源涵养区、江河源头区生态保护，推进生态脆弱河流和洞庭湖、鄱阳湖等重点湖泊生态修复，实施好长江等流域重大生态修复工程。在总结试点经验基础上推进水生态文明城市建设，科学实施清淤疏浚，打好城市黑臭水体攻坚战。推进小水电绿色改造，修复河流生态。逐步恢复北方河流基本形态和行洪功能，扩大河湖生态空间。综合采取“一减”“一增”措施，大力实施华北地区地下水超采区综合治理，有效压减超采量，逐步实现采补平衡，示范推动全国地下水超采区治理工作。

四是信息化工程。针对水利行业信息化发展总体滞后、基础支撑不足、技术手段单一、业务协同不够等情况，聚焦洪水、干旱、水工程安全运行、水工程建设、水资源开发利用、城乡供水、节水、江河湖泊、水土流失、水利监督等水利信息化业务需求，加强水文监测站网、水资源监控管理系统、水库大坝安全监测监督平台、山洪灾害监测预警系统和水利信息网络安全建设，推动建立水利遥感和视频综合监测网，提升监测、监视、监控覆盖率和精准度，建设水利大数据中心，整合提升各类应用系统，增强水利信息感知、分析、处理和智慧应用的能力，以水利信息化驱动水利现代化。

三、基于国家发展战略和重大水利工程的水利创新团队综合需求分析

建立水利创新团队既要聚焦国家战略找准需求，如“一带一路”“京津冀协同发展”“长江经济带发展”“粤港澳大湾区建设”及“长江三角洲区域一体化发展”，又要聚焦水利改革发展找准需求，凝练重大科技问题，确定团队需求。基于国家战略、水利改革发展需求，梳理形成了水利科技攻关重点领域。

综合国家战略、重大工程、水问题和科技发展趋势，本书从应用范围和技术两个维度构建人才创新团队建设重点领域战略框架。水利创新团队建设重点领域战略框架见表5-1。

表5-1　水利创新团队建设重点领域战略框架

应用范围	技术应用	技术探索
单区域	技术情境应用：技术成熟，对现有工程的改造，灌区，水电等。 战略目标：利用已有技术对现有落后水利工程省级改造。 人才构成：已有成熟技术专家，年龄范围	关键技术突破：人工智能技术、信息技术与水利技术的结合探索。 战略目标：将信息技术与水利技术融合。 人才构成：新技术领域专家与水利专家构成团队
跨区域	技术系统整合：水文勘探，信息化整合，系统化水运营和管理。 战略目标：合作、管理制度。 人才构成：跨区域人才团队	工程管理探索：水资源、水环境、水生态问题，多学科，多区域的集合。 战略目标：多学科技术公关、跨区域水文生态问题解决。 人才构成：多学科、跨区域团队

第二节　水利人才创新团队的建设模式

准确把握国家发展战略和水利改革发展对水利人才工作提出的新要求，以水利部创新人才库为依托，坚持以用为本、一团一策原则，推动创新人才和重点工作深度融合，以研究国家重大战略、重大工程、涉水重大技术和管理问题为导向，“自上而下”地把团队直接建在“工程”上，打通人才在行业内科学使用和充分发挥作用的通道。

一、水利人才创新团队的组建模式设计

结合对人才创新团队未来发展的需求分析，研究现有的团队组建途径、现有团队组建的要素以及对现有水利人才创新团队建设的分析，借鉴国内外创新团队建设的经验，坚持以用为本，从水利人才创新团队设立的方式、层次和专业领域等方面进行系统设计，以任务为导向，综合考虑团队成员的角色分配，“自上而下”把团队直接建在“工程”上。

1. 水利人才创新团队的组织结构

水利人才创新团队的组织结构包括领导机构（水利部人才工作领导小组）、管理部门（人事司和国科司）、协调部门（水利部相关司局）、依托单位。水利部人才工作领导小组（由水利部党组负责组建）是水利人才创新团队培养建设工程的领导机构，全面落实水利部党组精神，统筹并指导水利人才创新团队的建设和管理工作。人事司和国科司具体执行水利部人才工作领导小组决策部署，全面负责水利人才创新团队的组建、管理和考核等工作。水利部相关司局是水利人才创新团队建设的协调部门，应主动为水利人才建设提供便利。依托单位应为水利人才创新团队成员开展工作提供便利，并为水利人才创新团队引领行业发展做好支持和保障。有条件的依托单位还可将水利人才创新团队成果纳入本单位的科技发展规划，将水利人才创新团队成员纳入本单位的人才发展规划。

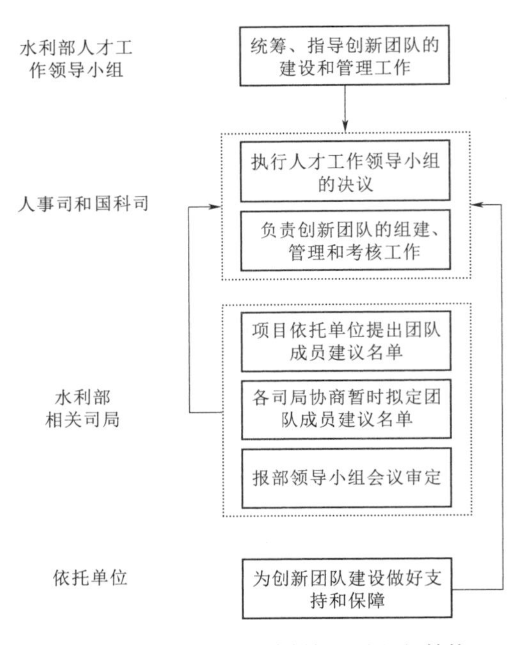

图 5-1　水利人才创新团队组织结构

2. 水利人才创新团队的组建程序

水利人才创新团队以任务为导向，采取“自上而下”的团队组建方式。

（1）由水利部党组确定人才创新团队的建设方向。

（2）相关业务司局研究提出团队负责人建议人选。

（3）业务司局会同依托单位与团队负责人协商提出核心成员建议人选。

（4）骨干成员由团队负责人提出建议人选。

（5）人事司、国科司和有关业务司局研

究提出人才创新团队建议名单，报部人才工作领导小组审核批准。

3. 水利人才创新团队基本要求

人才创新团队围绕水利发展重点需求具有明确的创新发展目标、稳定的技术攻关方向和系统的工作思路，具备承担重大水利业务、科研项目的能力。具体包括：

（1）创新团队一般由团队负责人、核心成员以及骨干成员组成，总数不超过 20 人；应兼顾各个领域相关的人才，非依托单位的核心成员和骨干成员人数均不低于该类成员人数的 1/3，且 32 周岁及以下成员不少于 10%；团队负责人及核心成员原则上从水利创新人才库中遴选产生。

（2）创新团队结构具有持续的创新能力，稳定的创新方向和稳固的人员结构；人才创新团队的团队负责人一般不得调整团队成员；核心成员和骨干成员应保持相对稳定，确因项目需要调整的，团队负责人可及时向有关业务司局提出调整建议，经人事司、国科司和有关业务司局研究同意后，报部人才工作领导小组审核批准。

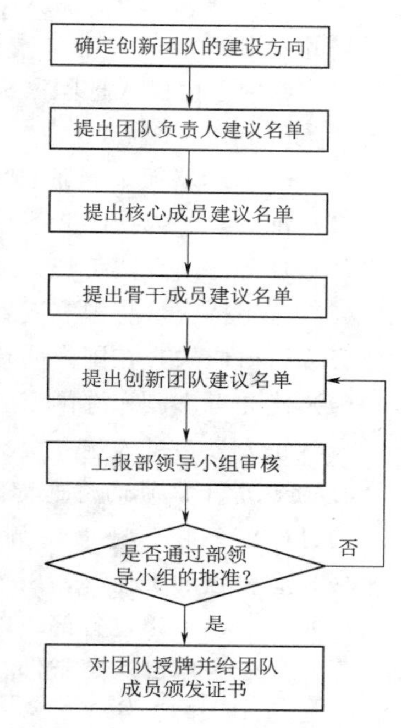

图 5－2　水利人才创新团队组建程序

（3）水利人才创新团队的建设方向由水利部党组依据国家重大涉水战略、水利重大工程、水利重点项目或水利关键技术确定；团队建设以任务为导向，建设内容符合国家、水利行业重点的发展需求，团队建设目标明确且清晰，对水利行业发展和人才队伍培养具有积极作用。

（4）依据团队的不同需求，在挑选成员时，应确保团队内部成员角色分配合理（包括负责研究思路的成员，负责协调整合团队工作的成员、对团队任务进行分工设计的成员等），保证团队成员能胜任团队业绩工作；要特别设立团队建设岗位、行业拓展岗位，负责团队未来发展能力建设和引领相关领域的创新发展。

二、水利人才创新团队的遴选细则

通过对团队带头人综合素质研究，借鉴国内外创新团队建设的经验，研究提出以下遴选细则。

1. 遴选原则

（1）政治立场坚定，品德优良，作风严谨，德才兼备，以德为先。

（2）人才创新团队应具备承担重大水利问题的科研攻关和政策研究能力，专业结构和年龄结构合理。

（3）成员具备良好的合作精神，能胜任人才创新团队的工作，具有较大发展潜力。

2. 团队带头人遴选标准

（1）团队负责人 1 名，原则上年龄不超过 55 周岁。

（2）具备组建和领导人才创新团队的能力，善于从全局把握行业发展战略，业务水平、科研能力、创新思维和协调管理能力突出。

（3）有主持国家级重点（重大）科研项目的经历，科研成果丰硕，是该研究领域有重要影响的专家。

（4）原则上由已入选国家级人才工程的高层次人才担任；每人仅可担任一个部级人才创新团队负责人。

3. 团队核心成员的遴选标准

（1）每个人才创新团队不超过 6 名，年龄一般不超过 50 周岁。

（2）具备协助团队负责人组建和管理团队的能力，创新意识、创新能力较强。

（3）有主持或参与国家或省部级重点（重大）工程、科研项目经历，已取得较为突出的业务或科研成果，在国内同行中具有一定影响力。

（4）优先考虑已入选国家级、省部级人才工程人选。

（5）每人最多可入选 2 个部级人才创新团队。

4. 团队骨干成员的遴选标准

（1）年龄一般不超过 45 周岁。

（2）有较强的责任心，乐于奉献，勇于探索，团队意识强。

（3）参与或承担过省部级以上科研或工程项目。

（4）优先考虑已入选省部级人才工程人选或为该类人才工程重点培养对象。

5. 成员调整

人才创新团队的团队负责人一般不得调整。核心成员和骨干成员应保持相对稳定，确因项目需要调整的，团队负责人可及时向有关业务司局提出调整建议，经人事司、国科司和有关业务司局研究同意后，报部人才工作领导小组审核批准。

第三节 水利人才创新团队的运行管理

基于国内外优秀创新团队建设的经验借鉴，在期望理论的基础上，分析能够激发创新团队及其成员以及组建单位积极性的前提性问题、根本性问题和强度性问题，探索和构建能够可持续激发创新型水利人才和重大战略重大工程深度融合的激励机制和运行机制，并以此建立一套能够驱动人才创新的制度体系。

一、水利人才创新团队的激励机制构建

激励是一种内驱力，有效地管理着人们。人们的行为是受主观因素的支配，受到主观动机而行动。激励很好地利用了人们的心理，激励包括精神激励和物质激励两种方式。团队激励方式有多种多样，例如经费报酬、科研项目、科研目标、个人发展前景、团队前景、团队领导支持等，这些心理需求激励着人们的行为。团队利用成员的心理需求，利用激励方式激发工作积极性，激发个人潜力，当团队成员的某一个需求被满足之后，就会更加对团队忠诚，更加信任团队。

基于期望理论，贯彻执行部党组的总体部署，聚焦一团一策，重点突出如何打通行业内人才流动使用的通道，分析能够激发创新团队及其成员以及组建单位积极性的前提性问

题（预计创新团队及其成员的付出达到组织期望的可能性）、根本性问题（假定达到了组织期望，创新团队及其成员得到奖励的可能性）和强度性问题（组织的这一奖励个人是否在乎），探索并构建能够可持续激发创新型水利人才和重大战略重大工程深度融合的激励机制。激励机制包括以下4对主要关系：任务分工与团队设计；分配管理与心理契约；奖惩管理与正向强化；系统融合与文化氛围。水利人才创新团队激励机制框架如图5-3所示。

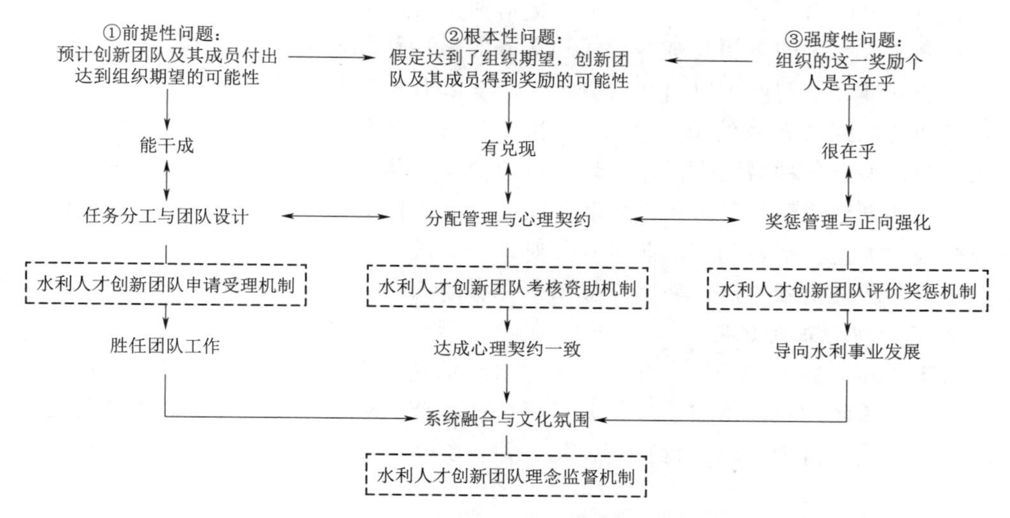

图5-3　水利人才创新团队激励机制框架

1. 任务分工与团队设计

水利人才创新团队要顺利完成重大项目的攻关、重点技术的突破，首先必须通过科学的任务分工与团队设计，引导团队成员胜任本职工作，实现团队战略意图和操作性目标。团队和团队成员首先思考的第一个问题是“创新团队及其成员的付出达到组织期望的可能性”。回答这一问题需要了解分工和交易，因此创新团队需要从团队设计出发，团队带头人将团队使命、战略、目标进行科学规划，制定规则或程序，使团队成员掌握一种标准的信息源，进而能够在无须事事都进行实际沟通的情况下知道该如何应对。一个有效的团队必定有科学的任务分工和团队设计，以确保工作完成和协调的方式来设计出团队成员通过努力能够胜任的工作任务，并统筹人力资源与之相匹配，有效实现团队目标。

水利人才创新团队应该根据任务书开展工作，创新团队带头人或者行政助理根据任务书以及创新团队成员的个人专长进行科学的任务分工和团队设计，更好完成创新团队的预期目标，同时达到激励成员贡献的目的。此外，创新团队应根据团队不同需求挑选成员，要确保团队内部成员角色分配合理（包括负责提出思路的成员，负责协调整合团队工作的成员、对团队任务进行分工设计的成员等），保证团队成员能胜任团队业绩工作；要特别设立团队建设岗位、行业拓展岗位，负责团队未来发展能力建设和引领相关领域的创新发展。

2. 分配管理与心理契约

创新团队和成员研究的第二个问题是“假定达到了组织期望，创新团队及其成员得到奖励的可能性”。回答这一问题需要了解劳动契约和心理契约，从劳动合同缔结的交换关系出发，组织和成员双方履行约定的各自对对方的责任，当组织或成员的任何一方主观感觉到契约不公平时，就会试图修正其行为以促使契约的“收支”平衡，从而寻求契约“纠正环路”来保持自己的公平感。一个有效的组织必定有科学的考核和分配制度，基于公正考核实现员工多劳多得，组织按贡献分配，兑现雇用双方的对相互义务和责任的承诺，并逐渐形成能够引导员工积极行动的强大信念。

团队内部分配所体现出的对成员劳动价值回报的公平性和对成员承诺绩效的兑现程度是雇用双方建立起来的对相互基本责任和义务的显性认知和对心理契约达成一致的基础。团队一贯的内部分配制度可以引起成员和组织双方对相互期望的重视，加强相互责任意识和履行责任的意识及自我约束和自我控制，减少在“信息不对称”情况下带来的不确定性，从而有效整合各种激励手段，实现成员价值与团队价值在更高水平上的和谐统一。

水利人才创新团队建设过程中团队带头人应多关注成员与团队之间的心理契约，同时内部分配制度注重公平，创新团队带头人对于团队成员应按照贡献参与分配，同时适当给予激励，对于积极贡献自己、努力完成团队任务的团队成员在分配时所占份额应该更大。

3. 奖惩管理与正向强化

创新团队和成员思考的第三个问题是“组织的这一奖励个人是否在乎”。回答这一问题需要从创新团队的目标出发，以团队目标为最高评判标准，建立科学的奖惩制度，对符合团队目标的成员行为及时进行正向强化，并在奖惩内容方面充分考虑员工的需求层次和差异。

奖惩制度，即组织运营中对成员进行有目的的奖励和惩罚的制度，是一种双向的员工工作评价体系，从正反两个方面保证了组织良性运营。包括奖励制度与惩戒制度。奖励制度，指根据团队成员的现实表现和工作实绩对其进行物质或精神上的鼓励，以调动其工作潜能、激发善意和工作积极性的制度，是一种正激励机制；惩戒制度，指对具有违法、渎职、偏离组织价值观的员工给予最大限度的防范和纠正的制度，是一种负激励机制。

在马斯洛理论和四驱动力理论的前提下，创新团队需要充分考虑团队成员的（情感）需求层次、了解成员间（情感）需求的差异以及成员想要得到自身（情感）需求的迫切程度，在奖惩内容设计上，有针对性地制定相关奖励和惩戒制度，这样才能更好地实现所有团队成员的激励。例如，团队成员想要实现高层次的需求满足，那么组织提供物质激励，只能满足员工低层次的需求，而高层次的需求并未得到满足，从而难以充分发挥激励员工的效果。因此，在适用于员工奖惩的具体内容方面，必须充分考虑员工的需求层次和个体差异。另外，员工激励的四种驱动力是相互独立的，没有主次之分，也不能相互替代。如果成员对组织没有归属感，或者他们的工作似乎毫无意义，或者他们觉得缺乏保障，那么你付给他们再高的工资，他们也不会对自己的工作充满热情；如果成员工作热情很低，或者工作极其无聊，那么你再怎么努力，也不可能让他们凝聚成一个非常紧密的团队，此种环境下，如若成员还是会给你干活（因为他们可能需要钱或者没有其他更好的出路），但是他们不会为你尽全力的，一旦他们有更好的出路，你很可能会彻底失去他们。忽略任何一种驱动力都有可能带来严重的后果，要想有效激励创新团队的成员，就必须构建一套强大的激励机制，同时满足获取、结合、理解和防御这四种驱动力。

对于水利人才创新团队成员的激励可采取事业激励、物质激励和荣誉激励方式，激励水利人才创新团队成员不断产出世界前沿水利科技成果，服务于国家发展战略和水利中心工作。事业激励和荣誉激励主要从优先支持人才创新团队参评国家重点领域人才创新团队，优先支持人才创新团队的成员申报高一层次人才工程，优先支持人才创新团队的研究成果申报科技奖项等方面考虑；物质激励可以从团队绩效奖励、人选绩效工资增加、强化价值导向奖励、绩效目标达成奖励和建设期满奖励等方面考虑。

4. 系统融合与文化氛围

围绕创新团队和成员思考的三个问题，统一团队期望和个人期望，并通过一系列的制度建设形成一套强大的机制，体现为形成一种文化氛围，既对成员进行理念控制，又充分发挥团队成员的自主能动作用。具体体现为，团队在理念方面实施严格的控制，同时提供广泛的作业自由。

水利人才创新团队组建后需要对创新团队成员彼此相互联系、相互作用、相互影响并完成任务的过程进行内部管理，主要包括科学制定规划与合理实施决策，进行有效沟通与积极化解冲突，不断激励团队成员完成目标。

(1) 科学制定规划与合理实施决策。科学制定规划与合理实施决策是水利人才创新团队内部管理的重要工作，涉及团队当前的任务、工作程序以及行为标准等多个方面。一般来讲，团队的决策并不容易顺利进行，往往需要使用大量和复杂的信息，有时需要迅速做出决策，这使得决策更加困难。此外，不良的团队气氛、人际的冲突、偏见、从众心理等都可能扰乱决策程序。因此，要充分发挥团队带头人在决策方面的重要作用。另外，团队带头人所具备的良好知识、研究能力等素质会在潜移默化中影响每一个团队成员。团队成员之间也会在研究和人格上相互影响。因此，科学制定规划与合理实施决策都需注意充分征求团队成员意见，发挥集体智慧作用。

(2) 进行有效沟通与积极化解冲突。无论是完成团队目标，还是化解冲突，相互沟通都是最重要的方面。团队成员进行有效沟通的途径包括交谈、文件、信件、网络等形式，团队成员聚在一起对某个科研问题畅所欲言，提出各自的看法与意见，通过讨论使成员观点互相撞击摩擦，以达成共识。如马萨诸塞大学细胞生物学实验室科研团队教授在每周五都会组织一次内部交流，要求每个人报告一周所做工作，没有新东西会让人觉得羞愧。一旦实验中有了新发现或重要进展，教授会让每个人从否定面发表意见，对成果进行质疑，最终会使成果完美而无可挑剔。国外优秀的科研团队在处理冲突时，一方面以接纳的态度来直面冲突，认为冲突的存在合理化，针对不同的观点展开平等的对话与争鸣。另一方面将冲突控制在适当水平，积极化解冲突，既避免离心力过大，保持科研团队的协作精神和凝聚力，又避免内部一团和气，缺乏创造力，对创新产生冷漠与迟钝。进行有效沟通与积极化解冲突是水利人才创新团队内部管理的一项重要工作。

二、水利人才创新团队的运行机制构建

坚持以用为本，在水利人才创新团队激励机制基础上，探索和构建出水利人才创新团队的运行机制。运行机制与激励机制一一对应，包括 4 项内容：申请受理机制、考核资助机制、评价奖惩机制和理念监管机制。

1. 申请受理机制

在部党组确定人才团队建设方向之后，水利部人才工作领导小组办公室推荐创新团队带头人的遴选名单，对于创新团队带头人不少于三人，且团队带头人应来自三家不同单位，报经水利部人才工作领导工作小组批准后确定；确定好带头人名单后，小组办公室以文件形式下达给团队带头人及其所在单位，团队实行团队负责人责任制，团队带头人和依托单位负责提出创新团队成员建议名单，名单上报小组办公室进行专家评审，评审通过后，形成组建决定；团队带头人根据确定的创新团队研究课题，制定团队的目标任务，明确阶段性产出，填写“任务书”。创新团队申请受理流程图如图 5-4 所示。

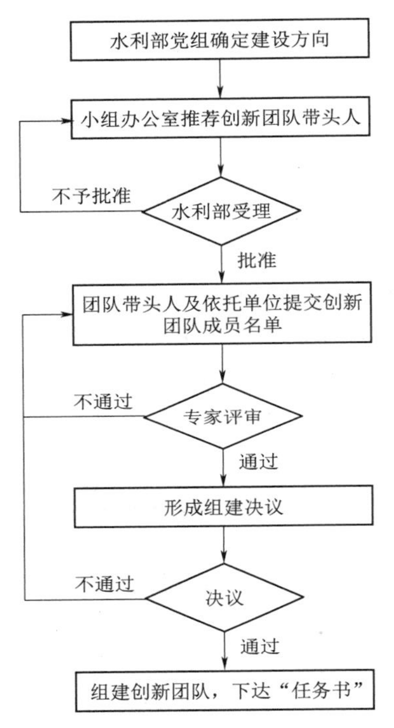

图 5-4　创新团队申请受理流程图

2. 考核资助机制

（1）考核机制。水利人才创新团队由水利部人才工作领导小组办公室组织考核，考核形式有中期考核、建设期满考核和后评价。

1）中期考核。中期考核旨在跟踪水利人才创新团队进展，通过检查“任务书”的执行情况，综合诊断和评估团队产出、团队运行和团队投入等指标，综合评价结果作为指导团队负责人在下一阶段制定预算计划以及改善团队内部管理的重要参考。

团队产出指标包括研究项目、人才培养和自由探索科研的绩效目标的达成度，团队未来发展能力，引领行业发展绩效，团队成员满意度。团队运行指标包括团队成员工作努力程度，团队人才、知识和技能储备量，与团队价值观的一致性，团队凝聚力。团队投入指标包括组织层面投入指标、个人层面投入指标和团队设计指标。

2）建设期满考核。期满评价主要是人才创新团队建设期满后，综合评价团队运行发展与绩效目标完成情况，兑现团队负责人奖励绩效，为团队后期跟踪管理、滚动资助和事后评价奠定基础。

期满评价结果分为优秀、达标和未达标三档，主要考核建设期满时，人才创新团队的研究项目、人才培养和自由探索科研的绩效目标达成度情况。期满评价不对优秀团队数量或比例作限制。建设期或期满以后，达到以下条件的 2 条即为达标，达标后可申请建设期满鉴定，经鉴定已达 4 条及以上则免于综合评议直接获评优秀。建设期满评定条件如下：

a. 绩效目标达成度达到或超过 100%。

b. 研究项目成果对水利部党组或国家决策产生重要影响。

c. 团队任一名成员作为第一完成人，研究成果获得国家科技进步一等奖及以上 1 项。

d. 团队任一名成员入选两院院士，或入围院士评审第二轮 3 人次，且团队成员新入选高一层次省部级人才工程 7 人次。

e. 团队内立项的自由探索科研项目入选新一轮团队清单，且团队任一名成员成长为该人才创新团队的负责人。

f. 团队获得滚动资助，或入选国家重点领域人才创新团队。

3）后评价。后评价由水利部人才工作领导小组办公室委托第三方组织对建设期满的人才创新团队进行综合评估，主要关注长期效益，通过实践、学术和评价网络的检验，发掘取得重大创新成果、解决重大问题、应该重奖的创新团队。后评价每3年进行一次，后评价等级为优秀的团队不论期满评价结果，按获评当年期满评价优秀的标准对团队负责人和成员补齐奖励和荣誉。

（2）资助机制。科研创新需要争取长期持续的经费支持。团队有了科研经费，团队实验室建设、实验设备购买、野外考察、学术研讨以及创新人才培养等方面就有了经费保障，为团队组织建设和团队持续取得创新成果、培养创新人才奠定了坚实的物质基础。水利人才创新团队的运行首先需要基本的经费保障，水利人才创新团队带头人根据编制好的“×××水利人才创新团队建设任务书”，明确人才创新团队培养建设的目标任务、项目研究、人才培养、实施进度、经费管理等内容。同时，水利部可调整对水利人才创新团队的支持政策，加强对创新团队包括直接费用和间接费用在内的所有费用的资助，使得创新团队有更充足的经费支持，可以更好地投入到研究工作中。在研究项目资助方面对水利人才创新团队优先支持，项目是水利人才创新团队的主要依托资源，水利部可出台相关政策，优先支持水利人才创新团队参加重大项目、重大工程，优先给予项目计划和科研课题资助，优先推荐创新团队学术产出高的成员参评国家科学技术奖、长江学者和有突出贡献的中青年专家等，促使创新团队不断推进学术产出和科技进步。

对于水利人才创新团队除了设立特定的资金保障团队运行之外，还可设立专门的资金用于补贴原单位由于人员流失所造成的损失。同时可参考教育部创新团队滚动资助相关制度，制定水利人才创新团队的滚动资助机制，资助表现优异的创新团队。

3. 评价奖惩机制

对于水利人才创新团队的评价和奖惩，要根据水利人才创新团队特点，遵守一定的原则，设计科学合理的指标体系。

（1）水利人才创新团队的评价机制。

1）水利人才创新团队的评价指标体系。本着系统性、科学性和可行性原则，构建水利人才创新团队的系统评价指标。对水利人才创新团队的评价主要从团队的整体成长和发展考虑，从产出指标（O）、运行指标（P）和投入指标（I）（组织投入和个人投入）三个方面来反映，根据构建评价指标体系的基本原则，构建三个层级结构模型的评价指标体系。水利人才创新团队评价指标体系见表5-2。

表5-2　水利人才创新团队评价指标体系

	一级指标	二级指标
水利人才创新团队评价指标体系	产出指标	绩效目标达成度
		团队未来发展能力
		引领行业发展绩效

续表

	一级指标	二级指标	
水利人才创新团队评价指标体系	运行指标	团队成员工作努力度	
		团队人才、知识和技能储备量	
		与团队价值观的一致性	
		团队凝聚力	
	投入指标	个人层面	兴趣/激励
			技能/能力
			价值观/态度
			人际行为
		组织层面	报酬系统
			培训系统
			信息系统
			控制系统

a. 产出指标。产出是水利人才创新团队工作的成果。水利人才创新团队评价的产出指标包括：①绩效目标达成度——团队研究项目、人才培养和自由探索科研达到数量、质量和时间要求；②团队未来发展能力——团队完成任务的过程中提高个人作为团队成员的工作能力（不管是在成员目前所在的团队中，还是在未来被指派到新团队中）；③引领行业发展绩效——团队引领水利事业发展的能力。水利人才创新团队产出评估不仅局限于对科研创新活动成果的考核，还要扩展到创新团队整体工作能力的提升和创新团队未来发展的持久力上，关系创新团队后期成长空间和价值。

b. 运行指标。关注团队产出的原因不言自明，毕竟一个不“生产”的团队是很难被认为是有效的。但关注团队过程（团队如何着手进行工作）同样重要。以水利人才创新团队中进行突发问题解决的团队为例，不能心存侥幸，不应等到灾害出现了才评估。需要评估“过程中的”水利人才创新团队，而不是仅仅在得到令人不满意的结果后才了解团队的问题。定期获得团队有效过程或无效过程的工作方式，以调控水利人才创新团队运作。

水利人才创新团队评价的过程指标提供了审视团队工作方式的标准，包括：①团队成员工作足够努力；②团队中拥有足够的知识和技能来完成任务；③团队成员价值观与团队价值观一致；④团队凝聚力。水利人才创新团队过程指标指向创新团队运作过程，关注创新团队运行机制的实施动态，以及团队成员工作态度的变化。水利人才创新团队正常运转依赖于团队规范的稳定落实，创新团队高效运转则依赖于团队成员技能的充分发挥。

c. 投入指标。投入是指团队进行工作可用的资源，有些投入是团队带头人难以施加影响的。水利人才创新团队评价的投入指标包括个人层面投入和组织层面投入，其中个人层面投入包括兴趣/激励、技能/能力、价值观/态度、人际行为；组织层面投入包括报酬系统、培训系统、信息系统、控制系统。各类型人才是构成创新团队的主体，是决定创新团队科研创新活动能力的关键因素之一，因此水利人才创新团队对于人才队伍的指标评价至关重要。团队成员兴趣/激励评价帮助确定个体是否适合加入某方向或某类型的创新团队；技能/能力评价则是评定个体是否达到参加创新团队的技能水平要求；价值观/态度和人际行为评价能够预测个体是否能够融入创新团队氛围。

2）水利人才创新团队的诊断与反馈。要提高水利人才创新团队运转的有效性，除了通过考核创新团队业绩绩效目标向团队进行反馈外，还需要诊断创新团队工作状况，对症下药。水利人才创新团队诊断与反馈 IPO 系统模型为监督和客观分析评价水利人才创新团队运行状况提供了一种方法，同时能够得到团队过程和团队成果反馈。水利人才创新团队诊断与反馈的 IPO 系统模型是基于水利人才创新团队的系统评价指标体系和 IPO 系统评价模型构建起来的，帮助创新团队找出问题所在，为创新团队提供更好、更有效的措施。水利人才创新团队的 IPO 系统评价模型如图 5－5 所示。

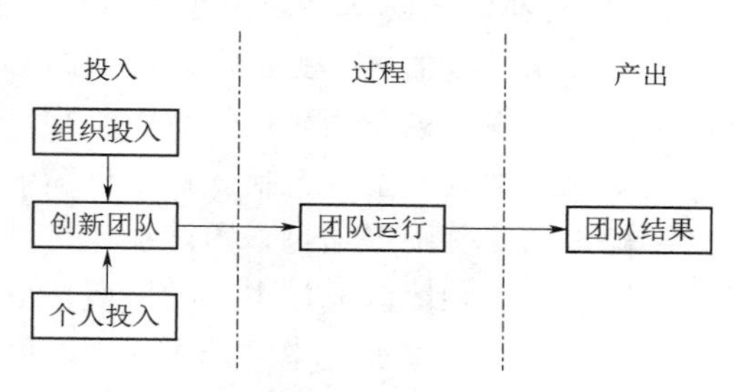

图 5－5　水利人才创新团队的 IPO 系统评价模型

水利人才创新团队 IPO 系统评价模型是将水利人才创新团队系统评价指标流程化，组织投入和个人投入结合为水利人才创新团队组建提供动力，将创新团队推向“过程”阶段；在团队规范、团队认同、团队权力和团队士气的支持下完成团队过程；最终完成团队成果产出。水利人才创新团队评价机制依据投入、过程和产出三阶段不同指标体系分别进行阶段性评价，并及时将评价结果反馈回创新团队以提高创新团队绩效。水利人才创新团队反馈机制如图 5－6 所示。

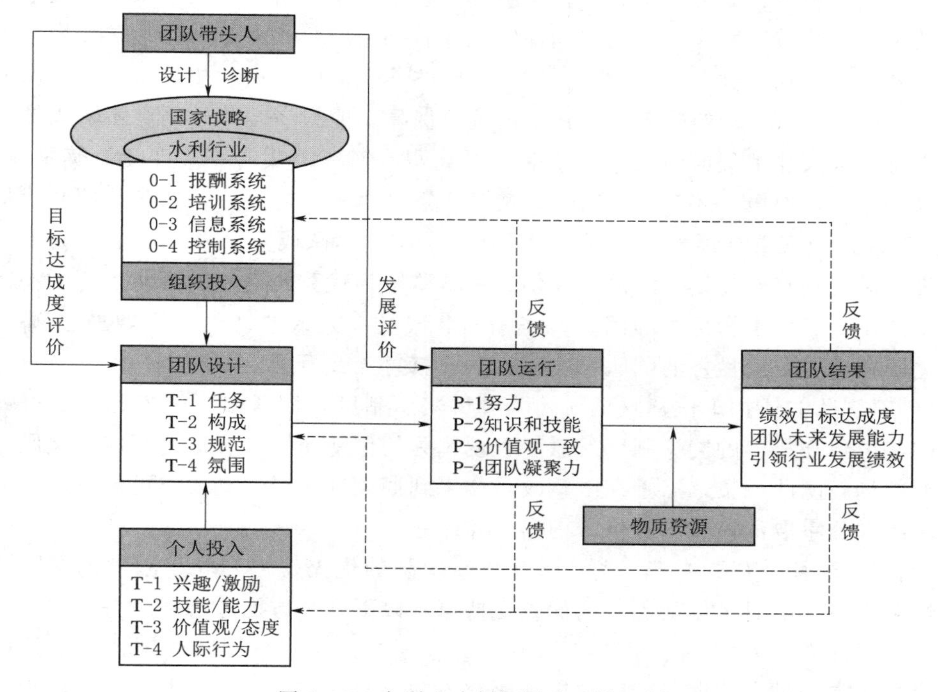

图 5－6　水利人才创新团队反馈机制

（2）水利人才创新团队的奖惩机制。水利人才创新团队的奖惩机制构建，有利于激励水利人才创新团队提高创新能力，助推水利事业发展，对于水利人才创新团队，可采取以下奖惩措施：

1）水利部建立创新团队奖惩制度。在新时代新要求下，水利科技发展、重大战略、重大工程涉水科技的攻关更加需要团队的协同合作。水利部应加大对水利人才创新团队的奖励力度，重视对创新团队进行表彰奖励，且今后的奖励要以奖励创新团队为主。建议水利部新增团队绩效奖励，包括入选成员绩效工资增加、强化价值导向奖励、绩效目标达成奖励和建设期满奖励等项目，团队绩效奖励所涉工资和奖励一律不计入依托单位年度工资总额核算，不影响团队成员本人领取所在单位发放的薪酬和福利。

入选绩效工资增加是指入选人才创新团队人员的工资待遇不得低于其本人近三年的平均额，另外对入选人员按照三档发放入选绩效工资增加。原则上按照团队负责人增加 1 万元/月，核心成员增加 0.7 万元/月，骨干成员增加 0.5 万元/月，核定入选绩效工资增加总额，在不突破增加总额的前提下，团队负责人可根据成员贡献二次分配；入选绩效工资增加由依托单位统筹保障。

强化团队价值导向奖励分为季度团队内部奖励和年度人才工作领导小组奖励。其中季度团队内部奖励设置季度创新、合作和奉献之星，每个季度由团队负责人评选一次，季度之星每人/次奖励 0.5 万元；年度人才工作领导小组奖励设置年度创新、合作和担当团队奖，每个年度由人才工作领导小组办公室评选能够强化团队价值观的团队，并向获奖团队发放荣誉证书和奖金；强化价值导向奖励的奖金由人才工作领导小组办公室统筹保障。

绩效目标达成奖励包括科研绩效奖励和成长绩效奖励。其中科研绩效奖励是对研究项目成果产生重要影响、研究成果获得国家级奖、自由探索科研项目入选水利部人才创新团队名单的一次性绩效奖励。对达到期满评价的条件 b、c 和 e 的任一条件每次奖励团队成员每人 2 万元。达到条件 b 或 c 的科研绩效奖励的奖金由国科司和相关司局统筹保障，达到条件 e 的科研绩效奖励的奖金由依托单位统筹保障。成长绩效奖励是对团队成员新入选高一层次省部级人才工程或新入选国家重点领域人才创新团队的一次性绩效奖励。其中，新入选高一层次省部级人才工程 1 人次，奖励入选者本人 2 万元，奖励其他团队成员每人 1 万元；新入选国家重点领域人才创新团队 1 次，奖励团队成员每人 2 万元。

建设期满奖励是对建设期满的人才创新团队鉴定为优秀或良好的团队进行的一次性奖励。其中建设期满鉴定为优秀的团队，奖励团队成员本人入选绩效工资增加总额 50% 的奖金；建设期满鉴定为良好的团队，奖励团队成员每人 2 万元。

2）创新团队的依托单位建立创新团队成员奖惩制度。创新团队的依托单位可针对创新团队的成员建立相应的奖惩制度。对于表现优秀的创新团队成员进行相应的奖励，对于表现较差的创新团队成员，给予期限整改，如果到期表现仍未达到要求可建议水利人才工作领导小组办公室取消该成员资格，剔出人才库。

3）给予创新团队优先支持。对于人才创新团队的优先支持有利于激发创新团队人员的积极性和创造性，对于创新团队的优先支持可从以下几个方面考虑：一是评选支持，主要是优先推荐并支持人才创新团队参加国家重点领域人才创新团队的评选；二是项目支持，主要是优先安排人才创新团队承担其研究方向一致的重大、重点业务科研项目；三是成果出版方面优先支持，主要是优先支持人才创新团队成员在自然科学、技术科学等方面优秀和重要的学术著作的出版；四是交流培训方面的优先支持，主要是指优先支持人才创新团队开展国内外学术交流和培训，优先支持人才创新团队聘请海内外知名专家指导团队工作。

4. 理念监管机制

仅因为每位团队成员了解团队期望达成的目标，对达成目标有高承诺，并理解团队完成工作的规则，并不意味着团队成员之间就能很好地相处。由于水利部研究建设跨部门、跨单位的创新团队，团队成员必然是来自不同单位的优秀人才，价值观的差异、工作负荷不均、沟通不良以及不同的承诺度水平等类似这些会影响团队凝聚力的不利因素是存在的，能否协调好团队成员间的差异性，并正确处理成员冲突关乎到创新团队整体士气氛围营造，必须建立相应的理念监管机制，具体包括：

一是建立鼓励创新的文化氛围。建立鼓励成员合作、积极参与并支持创新的团队文化，使整个团队能够更好地协调和整合团队资源，从而提高团队的创新能力。可设置定期的研讨活动制度，或设置相关制度让员工在每天有固定的在工作之外的时间进行恳谈。

二是建立有效的冲突管理机制。由于水利人才创新团队的成员来自不同的单位或部门，存在冲突在所难免，因此，在保持团队成员“个性”基础上，应以“异中求同”的沟通方式加强创新团队成员之间平等的人际交流，定期或不定期进行非工作聚会，增强团队的凝聚力和活力。

三是建立科学的团队管理制度。任何一个团队，如果没有相应的组织制度，其成员就会成为毫无约束的一盘散沙；如果没有科学的工作制度，其成员工作就无章可循，组织的工作任务就不能按计划完成。对于一个创新团队，完善的制度是基础，合理的制度管理则是保障。在创新团队运行过程中，创新团队管理制度不完善，制度管理的滞后已经影响到一些创新团队的发展。水利人才创新团队应通过对众多变量关系的协调、服务，积极创造一个适合开展科研创新的平台，使团队成员能够在团队里充分发挥自己的才能与智慧，进而培养造就人才。

第六章 水利高素质人才培养基地建设研究

第一节　水利高素质人才培养基地建设的现状

概述水利高素质人才培养基地建设基本情况，总结已有基地建设的主要做法和成效，分析基地建设存在的主要问题。

一、水利人才培养基地建设的基本情况

近年来，水利部深入实施水利高技能人才培养工程，搭建高技能人才培养平台，推动水利行业高技能人才队伍建设。2015 年，水利部印发《水利行业高技能人才培养基地遴选管理暂行办法》（水人事〔2015〕441 号），并于 2016 年组织开展首批水利行业高技能人才培养基地遴选工作，评选出安徽水利水电职业技术学院、湖南水利水电职业技术学院等 10 家水利行业高技能人才培养基地。2020 年，依托水利部建设管理与质量安全中心和国际经济技术合作交流中心，水利部开展了“强监管”和服务“一带一路”两个“功能型”人才培养基地建设试点。

上述 12 家水利行业高素质人才培养基地，按照流域划分，主要分布于长江流域（7 家）和黄河流域（3 家），“强监管”人才培养基地和服务“一带一路”人才培养基地位于海河流域。按照行政区划分，水利行业高素质人才培养基地分布在 8 个省（直辖市），其中，湖北省 3 家，山东省、北京市各 2 家，其余 5 家分布在湖南、安徽、浙江、四川和河南 5 个省。按照依托单位划分，依托水利职业教育类学校、水利企事业单位的人才培养基地分别为 6 家和 4 家，“强监管”和服务“一带一路”人才培养基地依托单位为水利部直属事业单位。

二、水利人才培养基地建设的主要做法和成效

1. 构建了较为完善的水利人才培养专业和课程体系

水利高技能人才培养基地注重人才培养课程体系建设，一些基地结合功能定位和基地实际，开设了特色突出的人才培养专业体系，并按照专业领域和课程层次，构建了适应高技能人才培养的课程体系，制定了各具特色的培训教材，较好地保障了水利高技能人才培养质量。安徽水利电力职业技术学院主动对接水利行业和区域经济社会发展需求，开设近 60 个专业，形成了以工程类专业为主体，国家级精品专业、省部级特色专业和综合改革专业等多层次的人才培养专业格局；建成校级以上精品课程 130 余门，主编出版国家级规划教材、省级规划教材和学院特色教材 300 余部。浙江同济科技职业学院现有中央财政支

持建设专业2个，浙江省高职高专院校优势、特色建设专业项目10个，全国优质水利专业建设点、骨干专业、示范专业及全国水利职业教育示范院校重点建设专业13个；建有国家及省级精品课程、国家专业教学资源库课程31门，省部级以上重点教材、优秀教材、新形态教材等33种。

2. 配置了较为雄厚的水利人才培养师资力量

高水平的师资力量是培养水利高技能人才的关键。各人才培养基地都大力配置专业师资力量，特别是针对技能人才培养配置了大量的具有丰富实践操作能力的“双师型”教师队伍。浙江同济科技职业学院不断提升教师素质，硕士及以上学位教师占比约75%，通过聘用技能大师、能工巧匠、职业经理人担任技能导师等措施，形成了一支数量充足、结构合理、行业认可的“双师型”教师队伍，“双师型”教师占比达84%。部分基地在专职教师队伍基础上，从水利企事业单位聘请兼职教师，壮大人才培养师资力量。长江工程职业技术学院具有专任教师100余人，还聘请了50余名政府、企业、高校知名专家担任兼职教授。

3. 建设了较为齐备的水利人才培养硬件设施

部分人才培养基地不仅建有教学所必须的各类教室、实验室等齐备的校内人才培养硬件设施设备，还建有校外实训基地，多平台、全方位提升水利人才的专业技术技能水平。山东水利技师学院建有校内实训基地和专业实训室73个，校外实习基地141个，设有技能大师工作室3个。安徽水利水电职业技术学院校内设有九大实训中心，拥有实践性教学所必须的各类实验室、实训室、实习工厂等130个，校外固定实习实训基地近400个。

4. 探索了较为丰富的水利人才培养方式

水利高技能人才培养基地都以技能型、应用型人才培养为目标，立足基地办学定位和实际，探索开展了多种形式的水利高技能人才培养。黄河水利委员会河南黄河河务局通过“师带徒”模式，“一对一授课”“传、帮、带”等形式，由师傅将积累的工作经验传递给徒弟，促使其快速适应各项工作，提升业务水平和自身素质。山东水利技师学院坚持“立足水利、面向社会、打造品牌”专业发展方向，通过实施“理实一体化+工学一体化”教学，开展“基本素质+专业技能”的“双轮驱动”人才培养，形成了大专教育、技工教育、短期培训“三位一体”水利高技能人才培养格局。

5. 取得了较为显著的水利人才培养效果

部分水利高技能人才培养基地充分发挥平台的人才培养作用，产出了一些好的成果。黄河水利委员会河南黄河河务局不断加大技能人才培养力度，先后有20人获得“全国水利技能大奖”。安徽水利水电职业技术学院积极探索以应用为导向的高职科研模式，重视产学研合作、科研应用开发与成果转化，承担多项省部级重大课题，近三年累计培训8000余人次。山东水利技师学院坚持“世赛引领、以赛促教、以赛促学、以赛促改、以赛促建”教学改革理念，建立了完善的激励措施和制度体系，取得了一系列优异的技能竞赛成绩。2017—2019年，学院共获得国家级、省部级技能大赛三等奖及以上共计302人（次），其中71人（次）获一等奖。长江工程职业技术学院积极推进现代学徒制试点，与长江水利委员会建立了人才联培共育机制，大力推进校企协同育人，先后在国家级职业技能大赛中斩获百余项大奖，还与300多家用人单位建立了稳定供需关系，毕业生就业率保持在95%以上。

三、水利人才培养基地建设存在的主要问题

1. 基地数量少，培养能力较难满足水利人才培养需求

根据水利人才创新发展的总体要求，要重点培养200名高技能人才和25000～30000名基层专业技术人才，基层专业技术人才占比要提高4～5个百分点，对10000名左右高中及以下基层人员开展学历提升教育。对比现有培养基地数量和人才培养能力（1.5万人次/年），远不能满足水利人才创新发展的需求。特别是随着我国水利改革发展事业进入新阶段，亟须一大批行业强监管人才。新试点设立的“强监管”人才培养基地还处于探索阶段，亟须扩大水利“强监管”人才培养基地建设数量，更大规模开展水利“强监管”人才培养。

2. 基地功能类型单一，较难满足水利人才多元化需求

基于新时代水利改革发展需要，水利人才创新发展既对水利高技能人才提出了需求，也对水利“强监管”人才、基层水利人才提出了新要求。当前仅有10家水利行业高技能人才培养基地，以及1家“强监管”和1家服务“一带一路”人才培养基地，较为单一的基地功能类型，较难满足新时代水利行业对人才类型多元化的需要。

3. 基地的地域分布不均，较难满足基层水利人才培养需求

基地分布地域差异性大，10家水利行业高技能人才培养基地主要分布于长江、黄河流域；在省域分布也不均，位于湖北省3家、山东省2家，安徽省、湖南省、浙江省、四川省和河南省各1家。“强监管”和服务“一带一路”人才培养基地都分布在北京市。无论从流域分布还是行政区划分布上，人才培养基地都存在地域分布不均的问题，导致部分地区基层水利人才不足，难以满足基层水利事业发展需要。

4. 基地的发展不均衡，水利人才培养能力失衡

2016年开始建设的水利高技能人才培养基地，在水利高技能人才课程体系、人才培养方面等已经积累了较为丰富的经验。2020年试点建设的“强监管”和服务“一带一路”人才培养基地，由于成立时间短，在人才课程体系、培养培训、师资队伍等方面都处于探索、组建阶段，人才培养相关工作尚属空白。不同类型水利高素质人才培养基地发展的不均衡，导致人才培养能力也不均衡，尚没有较好地与水利实际工作需求对接，难以满足水利事业对人才多样化需求。

第二节　水利高素质人才培养基地的布局优化

结合水利高素质人才培养基地建设现状，提出基地布局优化的总体思路和具体方案。

一、基地布局优化的总体思路

聚焦水利“强监管”人才培养基地、高技能人才培养基地和基层水利人才培养基地，在对现有培养基地位置、场地、师资、资源等情况进行分类梳理的基础上，围绕乡村振兴战略和水利改革发展对高素质人才的需求，针对基层人才短缺问题，根据不同流域、不同区域、不同类型的基地功能定位，依托水利职业院校、行业高校、直属单位及重大工程等，优化不同类型高素质人才培养基地建设布局，通过整合一批、改造一批、新建一批等

方式，打造功能完善、管理规范、特色鲜明、产教融合的示范性培养基地，推动形成辐射城乡、布局合理、类型多元的基地新格局。

二、基地布局优化的具体方案

基地建设规划布局应充分考虑流域和行政区划，以及水利企事业单位、水利职业院校和高等院校的分布情况，平衡各个流域和行政区划进行基地建设。

水利“强监管”人才培养基地。流域管理机构是进行流域监督管理，开展水利行业强监管工作的重要力量。水利“强监管”人才培养基地建设可按照七大流域进行布局，即在长江流域、黄河流域、珠江流域、淮河流域、海河流域、松花江流域和太湖流域至少各设立1家强监管人才培养基地。

水利高技能人才培养基地。主要为水利企业、事业单位等用人单位服务的高技能人才培养基地，其布局在考虑流域分布的同时，重点考虑水利企业、事业等用人单位分布情况，提高水利高技能人才培养的针对性。鉴于当前已建有10家水利高技能人才培养基地，新建水利高技能人才培养基地应统筹考虑现有基地和企业单位、事业单位需求，重点支持在尚未建有水利高技能人才培养基地的淮河流域、珠江流域、松花江流域和太湖流域等进行布局，进一步扩大高技能人才培养基地的辐射范围。

基层水利人才培养基地。服务于区域水利发展的基层水利人才培养基地，可采用“流域+区域”相结合的方式进行布局，即在每个流域、每个重点地区至少创建1个基层水利人才培养基地。此外，基层水利人才培养基地应重点向艰苦边远地区、革命老区等地区倾斜。通过“流域+区域”方式，形成辐射城乡、布局合理的基层水利人才培养基地格局。

具体推进路径：在已有人才培养基地的基础上，再建设20家高技能和基层水利人才培养基地，在七大流域各建设1个功能型人才培养基地，逐步实现东中西部全覆盖、水利各领域全覆盖、不同类型高素质人才全覆盖。基地建设要严格遴选条件，优选遴选程序。要结合区域经济发展趋势，针对基层人才短缺问题，进行基地功能定位。在布局中，要整合和提升现有高技能人才的培养资源。对现有基地进行分类梳理，整合一批、改造一批、新建一批，推动形成辐射城乡、布局合理、类型多元的基地新格局。要着力整合人才培养资源，通过“合并、共建、联办、划转”等形式，进行资源重组，改变分散办学、资源配置不合理的状况，发挥整体最大功能，实现整体最大效益。

第三节　水利高素质人才培养基地的建设标准

本节重点总结基地标准化建设基本原则，概述不同类型基地建设定位，明确基地标准化建设的基本框架和主要内容，提出基地建设的主要管理制度。

一、基本原则

坚持特色鲜明。紧紧围绕乡村振兴战略和水利改革发展需求，根据基地类型明确功能定位和培养目标，制定差异化的建设标准。

坚持合理布局。统筹考虑流域和行政区划，通过“流域+区域”建设，形成辐射城乡、布局合理、类型多元的基地建设新格局。

坚持分类建设。按照不同类型基地的功能定位，进行分类建设，同时结合基地申报单位性质进行分类审批和建设。

坚持动态管理。建立健全基地建设和运行管理动态考核机制和退出机制，实现基地建设的动态管理。

二、不同类型基地的功能定位

水利"强监管"人才培养基地的定位是以培养水利行业强监管人才为目标，重点面向各级水行政主管部门领导干部、管理人员、督查人员和建设管理单位相关人员等，聚焦水利工程、江河湖泊、水资源、水土保持、水利资金、行政事务等领域，开展水利监管相关专业、技术提升培训活动，使其掌握从事水利强监管工作的能力和素质。基地的主要功能是开展强监管人才培养、建设强监管人才库、编制强监管人才培养标准和规范，开展强监管人才培养课题研究、咨询服务和交流合作等。

水利高技能人才培养基地的定位是以培养水利行业高技能人才为目标，重点面向开展水利技能相关工作的企业、事业单位在职职工等，开展技能研修、技能提升培训活动，使之达到高级工、技师或高级技师水平。基地的主要功能是开展水利高技能人才的培养和培训，建设水利高技能人才库，编制水利高技能人才培养标准和规范，开展高技能人才培养课题研究、咨询服务和交流合作等。

基层水利人才培养基地的定位是以培养适应区域水利工作特点、解决基层水利实际问题的基层水利人才为目标，重点面向从事基层水利工作的基层管理单位、水利企业、事业单位在职职工，开展水利相关专业的学历学位提升、专业技术技能培养，进一步提高基层水利人才业务能力和专业技术能力。基地的主要功能是开展基层水利人才学历提升、专业技术技能培训和交流研讨等。

三、基地标准化建设的框架内容

1. 标准化建设的基本框架

根据水利行业特点，结合水利强监管人才、水利高技能人才、基层水利人才培养基地功能定位，搭建水利高素质人才培养基地标准化建设框架，明确基地建设的主要内容，包括建设规模与项目构成、规划布局、软硬件条件、课程体系、师资队伍和人才培养等。水利高素质人才培养基地建设标准的基本框架如图 6-1 所示。

2. 标准化建设的主要内容

（1）建设项目规模与项目构成。基地建设项目由房屋建筑、场地、实训设施及配套设备和实训装备等部分构成。参照教育部《普通高等学校建筑面积指标》（建标 191—2018）、《党政机关办公用房建设标准》（发改投资〔2014〕2674 号）等要求，基地各类用房的面积控制标准如下：

1）教学用房。教室面积指标为 2.95 m^2/学员。教室指各种一般教室，包括小教室、中教室、合班教室、阶梯教室及附属用房等。实验实习用房面积指标为 5.56 m^2/学员。教学实验用房是指公共基础课、专业基础课、专业课所需的各种实验室、计算机房、语音室及附属用房；实习实训用房包括工程训练中心。图书馆面积指标为 2.0 m^2/学员，包括各种阅览室、书库、检索厅、报告厅、内部业务用房（采编、装订等）、技术设备用房（图书消毒室、复印室、网络控制室等）、办公及附属用房。校行政办公用房面积指标为 1.0 m^2/学员。基地党政办公室、会议室、档案室、接待室、财务结算用房等：处级领导干部人数×18 m^2＋其他领导干部人数×12 m^2＋培训教师人数×9 m^2＋其他外聘人员人数×9 m^2。会堂面积指标为 0.48 m^2/学员。

2）生活及附属用房。员工宿舍面积指标为 10 m^2/学员，学员宿舍面积指标为 10 m^2/学员（参照教育部基本办学条件指标）。食堂面积指标为 1.4 m^2/学员。后勤及附属用房面积指标为 2.5 m^2/学员，包括医务室、公共浴室、食堂工人集体宿舍、服务用房、锅炉房、变电所（配电房）、消防用房、环卫绿化用房、室外厕所、传达警卫室等。

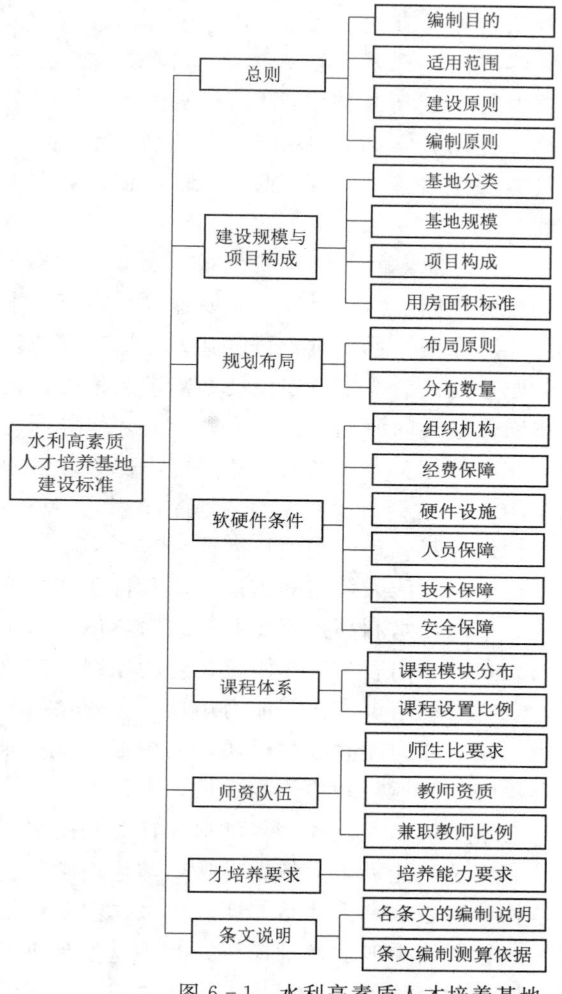

图 6-1　水利高素质人才培养基地建设标准的基本框架

（2）软硬件条件。组织机构及制度保障方面。基地申报单位一般应具有独立法人资格，组织机构健全，运行主体明确，管理制度完善。申报单位一般应包括行政、教学、研究、实习、后勤、安保及其他相关部门，具备完善的教学管理、人事管理、财务管理、资产管理、后勤保障、日常考核管理制度等。

经费保障方面。基地应有稳定的运行管理经费，确保基地建设和发展有充足的资金保障。运行管理经费主要依靠财政拨款、基地创收等方式进行筹集。

硬件设施及设备方面。基地应有专门的教学、实训场所，具备申报类型基地人才培养要求的相应教学设施和教学设备，包括教室、实训场所，与教学相关的仪器、多媒体教学设备等。有远程教育与虚拟仿真相结合的实践教学条件，能依托虚拟现实、多媒体、人机交互、数据库和网络通信等技术，开展线上、线下相结合的教学实践活动。此外，鼓励基地完善实训实验室建设，鼓励应用先进手段和现代化技术，建设 VR 虚拟实训实验室，实现虚拟仿真教学。

人员保障方面。有相关专业素质的运行管理人员，负责基地的行政、人事和管理，基地的服务、考核、监督等，保证基地高效正常运行。

技术保障方面。在人才培养模式上，以能力培养为核心，制定和完善水利高素质人才培养方案，探索创新人才培养模式。综合运用信息化手段，积极推动高素质水利人才培养教学创新。加强课程资源建设，支持在线课程建设，推进教育教学方法和手段改革，提高教学和人才培养的质量。全面促进强监管人才、高技能人才、基层水利人才培养观念创新、内容创新和形式创新，使高素质水利人才培养工作更好地体现时代性。

安全保障方面。要有安全警示标识、紧急通道、消防设备、应急电源等安全保障设施，有安全应急预案，有专职安保人员，有基本的医疗救护能力。

（3）课程体系。对于强监管人才培养基地。针对水利行业强监管人才实际需求，以强监管职业能力为本位，岗位技能需求为依据，按照理论教学与实习训练结合、教学内容与工作岗位结合的原则，构建强监管人才培养课程体系，主要包括公共基础能力、专业基础能力、监管相关专业能力、拓展能力四大教学模块，其中监管相关专业能力课程占比应不低于40%，主要开设针对江河湖泊、水资源、水利工程、水土保持、水利资金、行政事务等领域监督管理的相关培训课程。

对于高技能人才培养基地。水利行业高技能人才作为企业生产一线人员，实操技能要求高。培训以水利高技能职业能力为本位，岗位技能需求为依据，按照理论教学与实习训练结合、教学内容与工作岗位结合的原则，构建高技能人才培养课程体系，重点突出高技能专业能力的培训和拓展能力培训，主要包括公共基础能力、专业基础能力、高技能专业能力、拓展能力四大教学模块，其中高技能专业能力课程占比应不低于40%，重点开设水利关键生产运行和检修相关培训课程。

对于基层水利人才培养基地。针对基层水利人才的实际需求，以基层水利职业能力为本位，岗位技能需求为依据，按照理论教学与实习训练结合、教学内容与工作岗位结合原则，构建基层水利人才培养课程体系，主要包括公共基础能力、专业基础能力、基层专业能力、拓展能力四大教学模块，其中基层专业能力课程占比应不低于40%，重点开设面向基层水利培养务实管用技术技能的相关培训课程。

此外，围绕三类人才培养基地各自的功能和特点，鼓励建立面向水利事业发展、以能力提升、素质提高为目标的分层分类网络化培训课程体系，增强各类水利高素质人才培养培训的针对性和有效性。鼓励授课形式创新、内容创新，可探索集中面授、定制课程、线上课程等多种培训形式。发挥企事业单位技术专家和技术带头人在课程开发和授课中的作用，鼓励基地联合开发远程教育平台，逐步形成具有水利行业特色的现代教育培训云平台，具备自主学习、考试管理、互动交流社区和培训档案管理等功能，依托平台共建共享优质培训资源，不断完善远程培训课程体系。

（4）师资队伍。三类人才培养基地的师资队伍结构和数量需满足基地教学需要，具备满足培训需要的专兼职教师队伍，师生比为1∶16～1∶20。

对于强监管人才培养基地。申报单位为水利企事业单位的，具有高级职称人员占专任教师总数的比例应达到30%以上；申报单位为水利职业院校的，双师型教师占专任专业教师总数的比例应达到70%以上；申报单位为水利本科高等院校的，高级职称教师占专任教师总数的比例应达到30%以上。

对于高技能人才培养基地。申报单位为水利企事业单位的，高技能人才占本单位技能人才总数的比例需不低于50%，兼职教师占比需不超过25%；申报单位为水利职业院校的，双师型教师占专任专业教师总数的比例应达到70%以上，兼职教师占比应不超过25%。

对于基层水利人才培养基地。申报单位为水利企事业单位的，具有高级职称人员占专任教师总数的比例应达到30%以上；申报单位为水利职业院校的，双师型教师占专任专业教师总数的比例应达到70%以上；申报单位为水利本科高等院校的，高级职称教师占专任教师总数的比例应达到30%以上。

（5）人才培养要求。对于强监管人才培养基地。建设主体为水利企事业单位、水利职业院校、水利本科高等院校的，年培训规模应分别不少于500人次、1000人次、1000人次。

对于高技能人才培养基地。建设主体为水利企事业单位、水利职业院校等单位的，年培训规模应不少于500人次、1000人次。

对于基层水利人才培养基地。建设主体为水利企事业单位、水利职业院校、水利本科高等院校的，年培训规模应分别不少于500人次、1000人次、1000人次。

四、基地建设的管理制度

1. 人才培养基地遴选方案

由水利部成立高素质人才培养基地指导委员会，负责基地的申报与遴选、考核与评估，以及培训计划的审定与下发等工作。

（1）申报条件。培养基地建设申报单位应符合以下基本条件：

1）具有较强的管理能力和高效的组织管理体系。单位机构设置合理，部门职能和教职工岗位职责明确；已建立规范的培训管理、财务管理、资产管理、风险管理等制度；遵守国家有关法律法规，未发生违规违纪事件。

2）培训场所和设施设备符合国家建设和安全标准。能满足高素质人才的需要；具有与申报工种相匹配的实训装备；面向企业、学校和社会开展职业技能培训。

3）具有满足培训要求的、稳定的专兼职师资队伍，不少于20人。有完备的培训方案、培训标准、培训资源和考核评价体系。

4）涉外基地具有双语教学能力的专兼结合的师资队伍，具有至少1门核心课的双语培训教材、培训标准和培训资源，具有一定的境外人员培训经验。

5）具有3～5家稳定的、长期的校企合作伙伴，具有多方参与的培训指导委员会、成熟的校企联合管理机制。

6）具有3年以上的相关专业或工作培训经验，具有至少1个职业技能鉴定站或鉴定机构，年培训人数不少于100人。

7）水利类院校符合“双高校”“示范校”或“优质校（含水利行业）”条件且符合基地申报条件者，可直接申报。

（2）遴选措施及程序。按照公平、公正、公开原则，采用基地自评与专家评审相结合，网评与实地考察相结合的综合遴选办法，申报与遴选程序为：委员会组建网络申报平台，面向全国各流域机构、水利院校发布信息，各申报单位于网上提交申报书、自评报告及佐证材料，由评审委员会成员网上评审，经专家评审通过的基地，由主管部门组织专家对基地进行现场核查，主要从申报材料真实性、基地建设实施方案可行性、基地建设前期工作是否落实三方面进行核查，并形成专家组核查意见，由水利部审核遴选结果，公示下达评审结果，申报单位组织建设、运行。

三年期满后，由水利部牵头组织复评，复评不合格者，进行1年期整改，整改不合格者，取消基地培训资格。基地申报及遴选程序如图6－2所示。

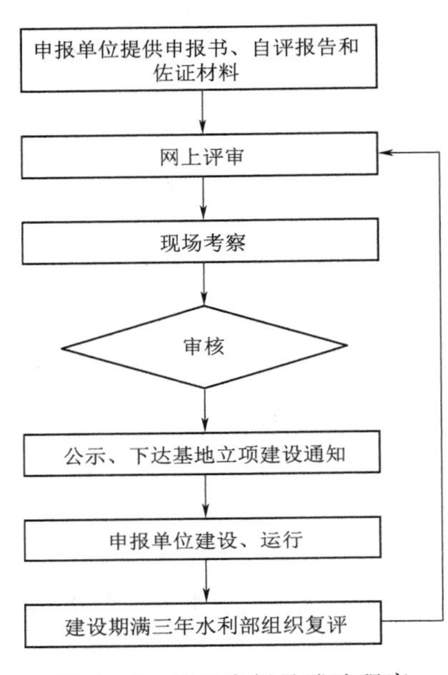

图6－2　基地申报及遴选程序

2. 人才培养基地的运行管理

一是信息反馈制度。及时了解流域区域、行业发展等职业培训需求变化，及时调整专业设置、课程设置，开发教学内容；根据职业培训需求信息，分别制定近期和中远期职业培训规划，提出具体的培训工作方案及相关实施策略。定期向社会公布各类培训项目，让委托机构、受训学员能够及时了解职业培训项目的相关信息，实现根据自身需要自行选择培训项目。

二是教师进修制度。引导培训师不断提高理论知识和教学技能水平，使其能够紧跟时代科技发展步伐，使培训活动能够更好地满足参培者需求。

三是基地企业合作制度。与行业企业教育科研单位等实施广泛联合，把握职业培训发展的最新动向，深入探究专业设置课程及教材开发的新方法和新途径，通过基地企业合作开展职业培训活动，使劳动者接受现代职业教育培训，基地—企业培养成绩互认，形成基地、企业双认证、双培养。

四是培训资源共享制度。通过与行业、企业、科研单位的联合，以及基地联盟，实现教学实验基地、培训课程与教材、培训设施与设备以及培训师资等资源的共享，达到间接增强职业培训实力的效果。

五是培训效果跟踪制度。建立参培者成长档案，做好跟踪服务，不断发现解决问题，助力受训者终身学习，实现可持续发展，增强培训基地的社会知名度和影响力。

六是培训评价制度。构建"政府部门审核评议，行业协会准入认证，培训机构自我监控，社会各界声誉评价"四种形式相结合的职业培训评价制度。政府相关部门制定、审核规程和各项标准；行业协会通过建立自律规制，负责执行政府颁布的相关标准及行业认证制度；培训基地面向市场办学，实施与外控标准统一的内控制度，积极促进社会职业培训质量评估机构的发展；实施第三方评价制度，为培训基地提升培训质量提供参考。

3. 人才培养基地保障制度

组织保障。成立人才培养基地建设与运行管理领导小组，统筹协调人才培养基地建设与运行管理，下设领导小组办公室，具体负责基地的建设、组织、运行、管理等工作。

机制保障。建立例会制度，定期召开各部门工作例会，进行信息沟通和交流，研讨及推进基地建设工作；建立质量监控体系，由基地建设领导小组及第三方组成专家评估组对基地建设及运行情况和实际效果进行定期评估、考核和奖惩，确保基地平稳运行。

经费保障。拓宽资金投入保障渠道。在财政资金基础上，通过吸纳企业资金和设备投入，设立“工匠”基金，形成政府、行业、企业、基地等多方投入的培训格局。安排专项资金用于高技能人才队伍建设，划拨专款，进一步落实职业技能培训教材开发、试题库建设、技能人才培养示范基地建设等基础工作经费。采用基地建设领导小组与财务部门共同监督，确保经费按照相关财务制度使用。

第七章

服务“一带一路”水利国际化技术技能人才培养模式研究

第一节 服务“一带一路”水利国际化技术技能人才培养面临的新形势新要求

本节从贯彻国家“走出去”战略、践行“一带一路”倡议、助推水利改革发展等角度，分析了服务“一带一路”水利国际化技术技能人才培养面临的新形势新要求。

一、贯彻国家“走出去”战略需要加强水利国际化技术技能人才培养

近年来，随着中国“走出去”战略加快实施，对于熟悉国际事务、了解国际规则、具有国际人脉的“全球通”型国际化人才的需求也日渐加强。水利行业积极贯彻国家“走出去”战略，海外水利工程项目逐渐增多，水利国际化业务快速发展，对水利国际化技术技能人才需要越来越多。调查显示，85.3%的单位迫切需要水利国际化人才，13.2%的单位认为水利国际化人才基本满足企业需求，仅有1.5%的水利企事业单位无特别需要。这表明水利国际化人才已成为影响我国水利企业海外业务的重要因素，是影响我国水利“走出去”的重要障碍。推进水利“走出去”，提升水利国际影响力，需要加强水利国际化人才培养，拓宽国际化人才培养渠道，加大国际化人才队伍储备。

二、践行“一带一路”倡议需要加强水利国际化技术技能人才培养

2013年，习近平总书记提出共建“一带一路”倡议。随着越来越多的国家加入，共建“一带一路”正在成为我国参与全球开放合作、改善全球经济治理体系、促进全球共同发展繁荣、推动构建人类命运共同体的中国方案。水利是国民经济的基础产业，也是“一带一路”合作的重点基础设施领域。水利部积极响应“一带一路”倡议，与60多个“一带一路”沿线国家签署了合作协议或备忘录，推动水利企事业单位承揽了大量的海外项目，对国际化水利技术技能人才的需求大幅增加。当前我国水利国际化项目主要集中在欠发达国家，存在人才短缺、资金短缺、基础设施薄弱等困难，其中人才短缺现象尤为明显。调查显示，当前急需技能型人才占73.6%，专业技术型人才占40.3%，经营管理型人才占30.2%，开拓创新型人才占10.3%。这要求进一步加强水利国际化技术技能人才培养，特别是加大国外本土化技术技能人才的培养力度，以满足水利国际化项目需要，提升我国水利行业国际影响力。

三、推进水利改革发展需要加强水利国际化技术技能人才培养

贯彻落实“节水优先、空间均衡、系统治理、两手发力”治水思路，需要不断推动水利改革发展迈向新台阶。当前我国水利国际化人才存在培养形式单一、人才总量不够、培养平台不多、培养机制不健全等短板，国际化人才助力水利走出去、规避水利国际项目风险的作用还很有限。坚持和深化水利改革发展，要求结合实际进一步拓宽水利国际化人才培养渠道，创新人才培养模式，健全培养机制，增强水利国际化人才培养的系统性、专业性，不断提升水利国际化人才业务能力，支撑水利国际化业务开展。

第二节　典型领域国际化技术技能人才培养的实践

本书在行业外选取“孔子学院”和“鲁班工坊”，行业内选取华北水利水电大学乌拉尔学院和黄河水利职业技术学院“大禹学院”，总结各自国际化技术技能人才培养的主要做法，并进行经验借鉴。

一、“孔子学院”的主要做法

孔子学院建设实行外方为主、中方协助，当地政府和社会各界大力支持、积极参与的办学模式。孔子学院的申办、审批严格遵守《孔子学院章程》规定，外方自愿提出申请，中外双方在充分协商基础上签署合作协议。孔子学院实行理事会领导下的院长负责制，理事会由中外双方代表参加。目前，主要采取五种合作模式：一是国内外高校合作；二是国内外中学合作；三是外国社团与国内高校合作；四是外国政府与我国地方政府合作；五是企业与高校合作。“孔子学院”发展建设过程中，积累了丰富的经验做法。

一是建立完善“孔子学院”运行质量评估机制，通过打造“中国汉语水平考试”和《国际汉语教师证书》考试，带动汉语教师标准化和汉语学习产业化，进一步完善教师标准、教学标准、教材标准以及课程大纲和考试大纲，建立健全规范的汉语国际教育标准。

二是在中外高校合作办学模式基础上，积极鼓励各国地方政府、企业、社会组织参与或与中外方高校合作举办“孔子学院”，双方在资金支持、业务合作和人才培养等方面互有供需、优势互补，建立长效机制并制定鼓励政策，加强与企业和社会组织的合作，应社会所需，与市场接轨，提高人才培养实效性，做到互利共赢。

三是尝试采用基金会模式运作，通过捐赠募集办学资金，分工协调整合资源，项目公开透明运作。随着各国汉语学习需求的不断增长，“孔子学院”办学规模逐步扩大，办学经费和支撑压力越来越大，充分吸引中外各方资金和捐赠，夯实“孔子学院”发展的资源支撑基础，使“孔子学院”运行更加符合国际通行惯例。

二、“鲁班工坊”的主要做法

“鲁班工坊”是我国首个在海外设立的职业教育领域的“孔子学院”，紧紧围绕“一带一路”建设发展需要，以天津“国家现代职业教育改革创新示范区”优质资源为基础，以校企深度合作技术培训为载体，以研发适合国际化发展的专业课程为依据，搭配工程实践

创新项目，将我国优质的职业教育与产品技术输出国门与世界分享。其核心内涵是以职业教育和职业培训的国际合作交流为主要载体，配合我国国际产能合作和企业“走出去”，为当地技术技能人才培养提供技术指导，通过技术产品和技术服务输出，培养熟悉中国技术、中国产品和中国品牌的技术技能型人才。建设“鲁班工坊”的主要做法如下：

一是明确“鲁班工坊”内涵标准。包括以中外双方共同制定并认可的国际化专业教学标准为依据；以国家级优秀教学成果工程实践创新项目为教学模式；以中国职业院校技能大赛选用的优秀教学装备为基础；以校企合作开发的“四位一体”立体化教学资源为内容；以海外职业院校本土师资系统化标准化培养为根本；以规范化制度化的监管机制保障“鲁班工坊”可持续发展。

二是明确“鲁班工坊”的设计定位。“鲁班工坊”以工程实践创新项目为硬件建设平台，配备优质教学资源和双语双师型教师团队，提升师生的综合实践能力、创新能力和团队合作意识，通过开展国际技能大赛培养和选拔技术人才，传递中国先进的职教经验和职教理念，在培养技术技能型人才过程中融入职业素质、职业管理经验等，提升当地职业教育专业建设水平。

三是探索“鲁班工坊”的建设模式。当前已建和在建项目的建设途径主要有以下三种：①依托校际合作建设“鲁班工坊”，在海外选择优质合作院校共同建设而成；②依托校企合作建设“鲁班工坊”，配合中国企业和产品“走出去”战略，致力培养本土化的技术技能人才；③依托政府间的战略合作项目建设“鲁班工坊”，将“鲁班工坊”纳入国家外交和政府间合作的战略规划。三种建设方式各有特点，共同之处在于嵌入合作国国民教育体系，紧贴合作国国情民情，坚持产教融合、平等合作、优质优先、强能重技、因地制宜、持续发展，给当地人民带来看得见、摸得着的建设成果和实惠。

四是“鲁班工坊”的运行管理模式。“鲁班工坊”的建设主体包括中外合作院校、合作企业与政府，三者在不同建设模式中发挥着不同的作用，具有不同的管理模式。职业院校作为主要建设者，各职业院校为“鲁班工坊”的建设提供场地、实训设备，设置专业、制定课程标准，开展师资培训和教学等活动。企业作为“鲁班工坊”培养学生的接收单位，会积极参与“鲁班工坊”的建设，在资金投入、专业设置、课程标准制定、实训基地提供等各方面承担与学校完全不一样的角色。政府或区域组织作为政策的设计者和“鲁班工坊”项目的推动者，决定了“鲁班工坊”的办学方向，影响“鲁班工坊”的选址、资金投入、发展规模等方方面面，虽不是“鲁班工坊”直接参建方，但政府对“鲁班工坊”的建设影响巨大。

三、华北水利水电大学乌拉尔学院联合培养模式的做法

华北水利水电大学乌拉尔学院的培养模式可以概括为：中俄双方共同制定培养方案和教学计划，共同参与学生教育教学及管理；学生可获双方学籍，享受双方在校生同等权利，学生可选择全程在华北水利水电大学就读，也可以选择部分时间去乌拉尔联邦大学学习；学生修满人才培养方案规定的学分，可获双方文凭，且学生获得俄方文凭不以到俄方学习为必要条件。乌拉尔学院的特色及优势主要有：

一是国际化高端平台背景。乌拉尔学院是金砖国家大学组织框架下第一个合作办学实

体，是落实《金砖国家领导人厦门宣言》的重要成果，也是响应教育部《推进共建“一带一路”教育行动》的重要举措，得到中俄两国教育部门高度重视。

二是人才培养目标务实长远。传承坚守中华文明优秀品质，吸纳消化俄罗斯文化优质元素，具有良好外语水平，系统掌握专业理论和技能，熟悉国际工程行业规范，具有团队协作力、革新创造力和科技研发力，培养能够从事管理、设计、施工、运行、教学及研究等专业的工程技术人才。

三是双方优质资源深度融合。四个合作专业均是双方高校的优势特色和优先发展专业，并且相互关联，互为支撑。通过对俄方师资、课程体系、教材、数字资源、教学方法、管理理念的全方位引进、融合和吸收，实现强强联合和优化创新。

四是课程体系设置科学合理。“理论＋外语＋应用技能”的课程模块，既强调打好专业基础，也注重培养语言能力和人文素养，更注重培养实践技能。

五是师资队伍建设保质保量。由华北水利水电大学、乌拉尔联邦大学现有师资和面向全球招聘教师构成，受聘教师均要求具有博士（或俄罗斯副博士）学位。

六是就业前景广阔。乌拉尔学院四个合作专业具有独特优势。能源和基础设施建设是“一带一路”倡议实施前期的重要抓手。国际就业市场急需精通外语并且熟悉国际工程行业规范的基建、能源领域专业人才。

四、黄河水利职业技术学院“大禹学院”模式的做法

2017 年 7 月，黄河水利职业技术学院与中电建第十一工程局签署校企合作框架协议，依托各自资源优势，在国际人才培养等方面深度合作，共建黄河水利职业技术学院赞比亚“大禹学院”。学院获河南省教育厅批准备案，且在赞比亚技术教育和职业创新培训署注册，纳入赞比亚国民教育体系，面向赞比亚全国招生。截至 2020 年年底，赞比亚“大禹学院”共选派 14 名双语骨干教师在学院任教，累计培养赞比亚籍学员 347 人，已结业 289 名学生，全部由水电十一局聘用，成为项目正式员工。大禹学院人才培养的主要做法如下：

一是高职技术学院与知名水电企业强强联合。黄河水利职业技术学院与中电建第十一工程局有限公司的合作是高职名校与国内知名水电企业的强强联合。其合作是依托海外工程项目，以共商、共建、共享、共赢为原则，服务“一带一路”建设，为海外工程项目提供本土化技术技能人才；分享具有中国特色水利职业教育优秀成果，促进沿线国家职业教育体系建设，逐步打造中国水利职业教育品牌。

二是具有境外办学性质的社会事业组织。“大禹学院”由黄河水利职业技术学院和赞比亚中国水电培训学院（隶属中电建第十一工程局有限公司）合作举办，是具有境外办学性质的从事高等职业教育的社会事业组织，从事非营利性、社会公益性服务活动，不具有独立法人资格。分阶段扩大办学规模：第一阶段，双方在水利水电工程技术、工程机械运用与维护、发电厂及电力系统等三个专业开展教育合作，每年招生 200～300 人。第二阶段，随着合作逐步深入，推广到水电站运行与维护、工程测量技术等其他专业。

三是中外学院共同开展教学管理。黄河水利职业技术学院与赞比亚中国水电培训学院共同构建机构的教学内容和课程体系，编制教学计划，共同负责教育教学管理、质量监管

和评价。学生在赞比亚中国水电培训学院学习期间，黄河水利职业技术学院提供专业课程教材、教学软件，并选派优秀专业骨干教师赴学院任教，负责讲授部分公共基础课程和专业课程。每个专业委派2/3以上的任课教师，承担2/3以上课程的教学工作，完成2/3以上的教学课时，专业课程内容和教学标准与黄河水利职业技术学院的同类课程同步。赞比亚中国水电培训学院负责学生招生，提供部分专业课程的教师，并负责学生在赞比亚学习期间的后勤服务保障。

五、经验借鉴

一是发挥政府主导作用，建立完善管理体制机制。由政府主导成立专门的组织机构，完善工作机制，最大可能争取专项资金支持，或将国际化水利人才培养作为项目，这有利于人才培养的持续发展。例如，天津市成立了鲁班工坊推进工作领导小组，建立协调联动机制，强化政府统筹协调，研究解决重大问题，加大资金投入和扶持力度，形成建设合力，加快推进鲁班工坊建设。

二是强化顶层设计，发挥政策的引导作用。打造国际化合作品牌，推进项目进程，需要强化顶层设计，发挥好政策的引导作用。例如，天津市明确要求将鲁班工坊打造成为国际知名品牌，还通过开辟鲁班工坊项目建设“绿色通道”、设立鲁班工坊项目专项建设和奖补资金等方式支持项目建设，通过政策引导有力调动了职业院校和企业参与国际项目合作的积极性。

三是建立多元的合作途径，丰富国际合作的内涵。在采取依托校际合作建设、依托校企合作建设、依托政府间的战略合作项目建设三种模式之外，还可以通过中外师生互访、培训、学习，拓宽外国留学生教育与就业渠道，采取政府主导、学校承办学术论坛、研讨会等多种形式，逐渐建立多元、立体、多维度的交流与合作方式，有助于丰富国际化项目合作的内涵。

四是制定建设标准，确保项目合作质量。研制开发国际化人才培养标准，构建全面涵盖“总体发展、运营管理、建设成效、特色项目和负面清单”的评估指标体系，定期对国际化人才培养项目进行评估，对于规范国际化水利人才培养项目规范运作，保证项目建设质量，发挥建设成效具有重要作用。

五是探索市场化运作机制，促进国际合作项目持续健康发展。基于复杂的国际环境和从国际合作项目持续健康发展的需要出发，必须增强市场意识，从项目开始运作就积极探索市场化运作机制，调动国际国内参与各方的积极性，形成政府（不仅是国内还应包括合作对象国）、建设主体（企业行业、职业院校）的多元投入机制，还要善于引入“一带一路”沿线或与国际化项目所在国相关的各类银行、基金公司的各类投资，推动国际化合作项目良性循环，实现可持续健康发展。

第三节　服务“一带一路”水利国际化技术技能人才培养模式

概述水利国际化技术技能人才培养的总体思路，针对“输出型”人才和“本土化”人才，提出不同的人才培养模式。

一、水利国际化技术技能人才培养的总体思路

围绕我国“走出去”战略和“一带一路”倡议，深入调研分析“一带一路”沿线国家水利技术技能人才需求，以需求为导向，构建政府支持或合作框架下的政行校企等多方协同的水利国际化技术技能人才培养机制，大力开展输出型和本土化两种不同类型人才培养，更好服务“一带一路”沿线国家开展水利工程建设与管理。水利国际化技术技能人才培养的思路如图 7-1 所示。

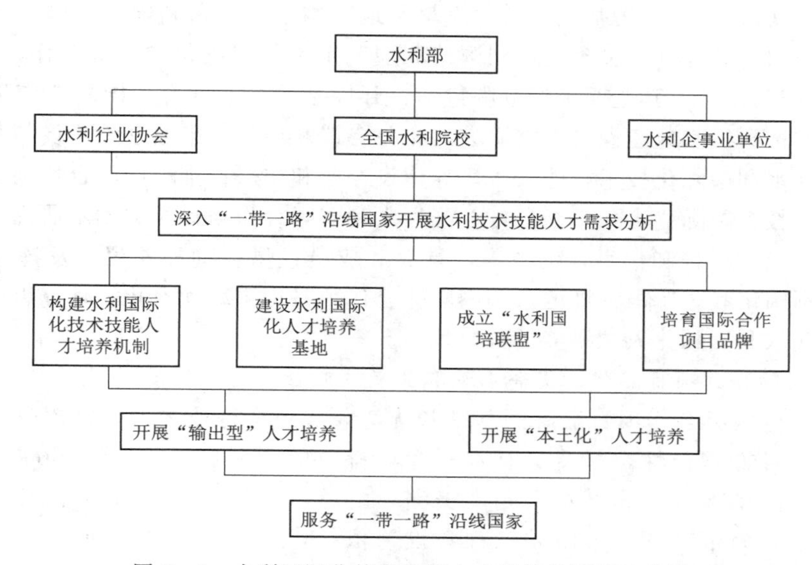

图 7-1　水利国际化技术技能人才培养的思路示意图

1. 发挥政府主导、行业协调作用，建立有利于人才培养的体制机制

充分发挥政府在国际化人才培养中的主导作用，加强水利国际化技术技能人才培养的顶层设计，建立国际化人才培养协调机制，制定有利于调动各方积极性推进国际化人才培养的政策，建立“国际化水利人才培养突出贡献奖励资金”，积极引导职业院校和企事业单位，主动对接国际需求，搭建水利院校与“一带一路”沿线国家合作交流平台，营造良好的国际化人才培养环境，推进水利国际化技术技能人才培养。充分发挥行业协会、水利行业教学指导委员会组织、协调、管理、服务的职能，整合全国水利职业教育资源，深入推进产教融合与校企合作，指导制定国际化人才培养标准、组织开发优质教育资源；充分发挥中国水利职业教育集团校企合作平台的作用，拓展职教集团业务范围，调动水利职教集团成员积极性，发挥外向型企业的市场优势和资源优势，建立更加紧密的供需联系渠道，协作开设水利国际化技术技能人才培养订单班，开展具有现代学徒制特征的水利国际化技术技能人才培养模式改革，为中国水利“走出去”企业更加有力地参与国际竞争服务，为中国水利参与全球治理体系做出贡献。

2. 整合水利优质资源，建设水利国际化人才培养基地

紧密对接“一带一路”沿线国家水利技术技能人才需求，根据我国水利企事业走出去

和不同的项目建设国需求，着眼于“本土化”和“输出型”两种技术技能人才培养，探索“1＋M＋N＋P”的人才培养基地建设模式。首先在水利部和行业协会的组织下成立“1个水利国际化人才培养联盟”，统筹水利国际化技术技能人才培养，在国内建设“M个国培基地”进行“输出型”技术技能人才培养，在“一带一路”国际水利工程走出去的沿线国家建设“N个海培基地”，根据工程所在地需求建设“P个海外教学部（点）”，进行“本土化”技术技能人才培养。

3. 成立“水利国培联盟”，实行联盟式管理体制和项目化管理方式

在行业协会组织架构下，成立校企共同参与的“水利国际化人才培养联盟”（以下简称“水利国培联盟”），“国培基地”与“海培基地”均采取“水利国培联盟”统一管理的体制机制和项目化的运作模式。“水利国培联盟”秉承的原则是“平等合作、开放包容、互学互鉴、互利共赢”。其主要工作范围包括：开展基地标准开发、国际合作项目立项和质量监管工作；组织基地建设与发展研究的相关会议和培训，搭建基地建设与交流合作平台，共建共享水利国际化技术技能人才培养建设经验和成果；推动国际合作项目高质量发展，促进职业教育国际化水平不断提升；开展水利国际合作项目相关学术研究，编辑相关出版物，发布相关报告和信息，为政府、社会和成员提供咨询和建议，发挥高端智库作用。在“水利国培联盟”内开展的水利国际化合作项目均采取项目化管理，以确保高效率和高质量完成水利国际化人才培养的预定目标。

4. 培育国际合作项目品牌，提高水利职业教育对世界的贡献度

培育和打造国际合作项目品牌的基础和优势，需集全行业之力，发挥政行校企的各自优势，调动各方积极性，打造具有水利行业特色的“鲁班工坊”。要拓展发展空间，在区域上由面向东南亚、非洲扩大到南美洲；由单一依托一个海外水电工程，拓展到以“海培基地”为带动、多个海外工程建设为依托，国内、国外协调发展的国际化水利技术技能人才培训网络。要拓展培养领域，在专业上由单一的面向水利水电工程建设，拓展到基础设施的规划、设计、建设、运营、维护全产业链的人才培养；由工程建设领域拓展到防洪抗旱、供水灌溉、水资源保护、水生态系统修复、河流健康养护等全方位培养；由单纯的技术技能人才培养拓展到传播中国治水理念和水文化、参与全球治理体系建设的综合能力培养上。要促进人文交流，基地不但要培养国际化技术技能人才，还要传播中国文化、弘扬“水利精神”“工匠精神”，开展政府与民间技术文化交流，开展国际化水利人才培养咨询与服务等综合功能，使之成为文化传播的平台、“民心相通”的载体。要输出中国标准，利用职业教育伴随中国水电工程建设“走出去”的有利时机，发挥“国培基地”“海培基地”参与国际化技术技能人才培养的功能，积极推动水利技术标准走向国际。要深入研究国际规则，对接国际标准，找准人才需求，创建优质品牌课程，按照规范化、标准化、系列化和优质化要求，提高国际化人才的培养质量，为世界职业教育贡献中国力量。

二、水利国际化技术技能人才培养的模式

根据培养对象不同，将水利国际化技术技能人才分为“输出型”人才和“本土化”人才。“输出型”人才是指具有中国国籍、在中国培养、服务面向“一带一路”建设的中方

水利从业人员；“本土化”人才是指服务“一带一路”建设的目标国（或地区）本土水利从业人员。针对“输出型”和“本土化”两种水利国际化人才采取不同的人才培养模式。水利国际化技术技能人才培养模式如图 7-2 所示。

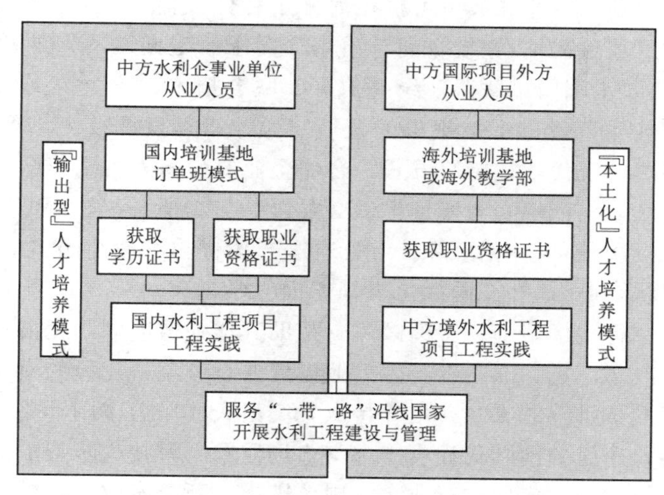

图 7-2　水利国际化技术技能人才培养模式示意图

1. “输出型”人才培养模式

结合国内水利院校及水利企事业单位开展国际化水利人才培养的实践，“输出型”人才培养模式可以采取校企合作国际化订单班模式，主要培养有国际业务的中方水利企事业单位从业人员和在校内招收或遴选的国际订单班学生，由校企双方共同制定人才培养方案，量身订做课程体系，使其能够掌握中国和国际水利行业标准，具备水利知识、能力、素质等，获取相关学历证书或职业资格证书，最终胜任国际项目工作。“输出型”人才培养模式应突出以下几个特点：

（1）建立有效的管理与运行机制，助推国际化人才培养。根据水利国际化技术技能人才培养思路，借鉴天津市主推的“鲁班工坊”作为国际化合作品牌的经验，建立“政府主导、行业协调、市场机制运作、多元主体参与”的水利国际化技术技能人才培养管理与运行机制，充分发挥政府在国际化人才培养中的主导作用，协同国内外企事业单位，成立“水利国培联盟”，依托国家优质高等职业技术学院优质教学资源，利用企业丰富的海内外市场资源和设备与技术优势，高质量开展校企合作，促进产教深度融合，为水利国际化技术技能人才培养提供硬件支撑和信息支撑，为中国水利“走出去”企业参与国际竞争服务，为中国水利参与全球治理体系做出贡献。

（2）产教融合“建基地”，校企合作“双育人”。在水利部指导下，政、行、企、校协同建设“国培基地”和“海培基地”，开发高水平国际化课程、教材，建立专兼结合优秀教学团队，输出优质职业教育资源，促进合作国家人文交流，因地制宜采取“跟着企业走出去”模式，助力中国装备、标准、技术、服务走向国际。“国培基地”与“海培基地”将承担“输出型”水利国际化技术技能人才的培养、接受“本土化”人才的国内培养、留学生教育（学历教育、短期技术培训）、师资培训、人文交流等任务。基地建设要坚持

“择优遴选、示范引领，循序渐进、注重实效”原则，体现产教的深度融合与校企的紧密合作，数量可根据需求逐步扩展。

（3）发挥集团联合招生优势，校企协同育人。“输出型”水利国际化技术技能人才培养要纳入国家招生计划，专业和数量可根据海外工程建设需求（企业需求冠名）、政府间国际合作项目需求（项目需求）、校企间订单培养需求（定向培养）的数量确定，可采取根据需求分别报送、“水利国培联盟”统一协调、联合招生、校企协同联合培养方式，避免各院校间“单打独斗”难以形成规模的窘境。人才培养过程要突出产教融合与校企合作，培养模式可借鉴“现代学徒制”方式，合作企业要参与人才培养全过程，并为学生工程实践、项目化教学、生产性实习实训提供必要设备与场所。“输出型”人才招生亦可根据需求，在专科层次院校的一年级或二年级通过选拔优秀在校生方式，组建“国际项目班”，采取模块化教学方式，补充国际化规则方面教学内容，强化语言能力；亦可直接安排到“海培基地”进行现场培训、跟岗锻炼，帮助其增强适应国际化需求的能力。

（4）深化专业改革，重构课程内容。专业设置要打破学科建设的模式，真正体现出高等职业教育“高素质技术技能人才”培养特点，突出人才培养“国际化”特殊需求，要对接服务“一带一路”建设的国际化社会需求与市场需求、科技进步形成的科技成果在水电工程建设与水治理技术中的应用、行业企业岗位需求、新技术改造、数字化改造在工程与管理中的应用设置复合型专业。课程内容要根据“高素质技术技能人才”与“国际化”要求进行重构，真正体现专业内涵升级、专业课程体系升级、核心课程扩展和数字化改造；要强化外语听力、口语以及专业外语的教学内容，提高学员外语交流能力；增加国际规则、国际标准、行业标准的教学内容，增强学生的国际视野；突出工程应用能力的培养，以满足国际化、工程化、市场化、专业化人才需求。

（5）突出工程应用能力培养，加强海外工程实习实训。充分发挥“国培基地”“海培基地”作用，突出学生工程意识和工程应用能力培养，充分发挥教学实践环节在人才培养中的重要作用，加强工程实践能力、海外实习实训等实践性教学环节，在教学安排上，可根据专业不同，参照1＋1＋1（专业理论学习、国内项目化实践、海外工程实习实训时间均为1年）或2＋0.5＋0.5（专业理论学习、国内项目化实践、海外工程实习实训时间分别为2年、0.5年、0.5年）或2＋1（专业理论学习与实践、海外工程实习实训时间分别为2年、1年）的模式。在培养学生过程中做到专业培养计划与市场需求相协调、技能技术培训与岗位要求相协调、人才培养目标与用人标准相协调，使毕业生能满足国际化、工程化、市场化、专业化人才需求。“国培基地”“海培基地”要为骨干教师提供国内外培训机会，为教师参与工程实践创造条件，提升他们的工程实践能力和国际社会交往能力。

（6）打造专兼结合教学团队，改革传统教学方式方法。充分发挥中国水利职教集团政行企校的整体优势，调动“水利国培联盟”成员单位的积极性，培育和打造一支符合“四有标准”、具备国际视野、“跨文化沟通能力”“双师”素质和能力的专兼职教学团队。要特别注重引进行业有权威、国际有影响的专业群建设带头人；通过强化工程实践，培育一批能够改进生产工艺与流程、解决生产技术难题、提高工作效率的骨干教师；通过“海外项目培训”等方式，合力培育一批具有通晓国际规则、具备“跨文化沟通能力”的骨干教师。利用现代信息技术、大数据和云计算技术，深入推进“课堂革命”，实现教法改革；

推行项目教学、情景教学等教法，将课堂搬到工地、工厂、车间等生产服务一线，实现在“做中学、训中学、研中学、创中学”；建设智慧学习环境，实现教法改革（网络学习空间、线上线下混合式教学模式，实现全场景立体式交互）。积极推进校企合作编写特色教材，将新技术、新工艺、新标准融入新的教材体系中；开发立体化教材，实现优质资源共建共享。

2.“本土化”人才培养模式

根据水利国际化技术技能人才特点，借鉴“孔子学院”“鲁班工坊”成功经验，结合国内水利院校开展国际化水利人才培养的实践，本土化人才培养模式可以采取“跟着企业走出去”模式，紧紧依托海外工程（已建工程或在建工程）建设“海培基地”，实行短期培训与学历教育相结合的办学模式。专业设置以在建工程急需的工程技术岗位需求为主，学员以招收工程所在国（或周边国家）相当于我国高中学历的人员（或者直接从工程工地应聘员工中招收），脱产学习不少于6个月（证书），以“海培基地”学习为主，由国内外派教师与企业工程技术人员共同组织教学，参加工程所在国技能认证考试，获取相应资格证书（如赞比亚技术教育与职业创新培训局颁发的“TEVATE”技能认证证书）。学习方式以“海培基地”学习为主，择优选取优秀学员赴“国培基地”深造。本土化人才培养模式应突出以下几个特点：

（1）依托海外企业运作，校企协同育人。职业教育的校企协同海外办学实施的是跨境人才培养，要重视海外企业的需求和工程建设需要，以解决工程现场急需的技术工种人员匮乏、国内外派人员成本高的困境。依托涉外企业在建（或已建）水电工程建设“海培基地”，在“水利国培联盟”统筹协调下，开展校企协同育人，校企共同建校、共同开发校园、共同培养人才等全方位协作，扩大校企合作范围，挖掘校企合作深度。企业负责外部协调、建设场地、管理场地、生源与实训基地建设；合作学校负责师资、教学管理与运行。校企协作制定人才培养方案、制定专业标准、课程标准，双方共同开发教学资源、管理学生等。

（2）在校生来自本地，专业群服务工程。在“海培基地”学习的学员主要来自海外工地外籍员工，由企业根据工程建设需求和技术岗位需要，招收符合条件的学员，实行“现代学徒制”方式培养，招生即招工，学员具有学生和员工双重身份，脱产学习期间企业发放一定生活费，学业结束双向选择。从“赞比亚大禹学院”运行情况看，培训的员工99%留在工地，一方面为企业解决了工程建设急需的部分技术岗位人员紧缺问题，提高工程效率，保证工程质量；另一方面，在一定程度上缓解使用国内外派人员人力资源成本高的困境。所学专业可根据工程需要和企业发展需要开设，直接服务于工程建设项目。

（3）校企共组教学团队，教师具备“双语”“双能”。发挥政府主导、行业协调作用，利用“水利国培联盟”团队优势，共同组建校企参与、专兼结合的教学团队。派驻海外的教师均来自“外派教师信息库”，由“水利国培联盟”根据专业需要择优选派。“入库”教师均应来自联盟成员学校和企事业单位，教师必须具备“双语”（国语＋英语）和“双能”（教学能力＋操作技能），必须参加联盟组织的培训，具备海外开展教学的语言素质和工程能力。在“海培基地”教学以承担理论教学和部分实操教学为主，施工企业建造师、工程师、项目经理等工程技术人员主要负责施工现场教学并参与实践指导，外籍教师辅助中方教师开展工作。

（4）突出实践强化技能，以师带徒、工学结合。在实践中将生产与教学融为一体，可探索推广以师带徒的“现代学徒制”教学模式，教学即生产、生产即教学，学习过程与生产环节息息相关，学习的主要目的是更好地从事生产、提高技术水平并解决企业难题。教学过程可采取任务驱动、项目化教学、边讲边练，突出实践教学，强化技能培养方式；教师要具备一专多能，除具有语言沟通能力，还要具有较强的动手能力，能以师傅带徒弟的方式，指导学员学习和开展工作。在此模式下培养的学生在掌握一定技能后，可以直接参与工地部分项目技术岗位工作，既熟悉工作，促进了学习，掌握了技能，同时也为工程建设作出贡献，为企业节省人力资源成本。

（5）实行职业培训＋学历教育双形式，实现技术教育与文化传承双促进。职业教育的校企协作海外办学可以提供短期职业培训，并根据不同国别、不同专业情况，认真研究海外人才培养基地所在国权威的技能认证机构认证体系、专业标准、证书等级和获取方式，教学内容主动与国际标准或当地标准对接，使培训对象能够顺利获得与国际标准（或所在国标准）对接的职业资格证书，增强其谋生手段。在进行技术教育的同时，还可根据所在国经济发展需求，发挥自身专业优势，开展面向所在国国民的特色专业教育与学历教育，并在教学中主动传播中华水文化，传授中国治水方略，开展汉语言培训，在知识传授与技术交流中实现文化互融与民心相通。

（6）发挥信息技术优势，创新教学与管理模式。发挥校企多元参与国际化人才培养的优势，依托行业协会、中国水利职教集团和“水利国培联盟”，建设基于智慧理念的共享型职业教育“走出去”网络应用平台，通过海内外多个办学点的多方联动与资源共享，实现职业教育资源的国际共享与管理创新。可发挥联盟成员校企合作优势，开发“互联网＋”远程课程体系，将国内现有的优质职业教育课程资源，以虚拟仿真视频课程或微课等形式，汇集于职业教育“走出去”网络应用平台，打破空间与地域的限制，使校企协作海外办学模式的师资力量不断增强，为打造中国职业教育国际化品牌提供支撑。

第四节　推进水利国际化技术技能人才培养的措施

本节主要从加强组织领导、加大经费投入、完善制度体系、强化考核监督等方面，提出了推进水利国际化技术技能人才培养的措施。

一、加强组织领导

在水利部人才工作领导小组领导下，成立水利国际化人才培养专门组织领导机构，加强顶层设计，统筹推进水利国际化人才培养。水利国际化人才培养组织领导机构不定期召开国际化人才培养会议，指导国际化人才培养，并对重大事项做出决策。适时组建水利国际化人才培养联盟，搭建水利国际化人才培养平台，确定联盟牵头单位和成员单位，制定联盟章程，明确牵头单位、各成员单位国际人才培养的权利和义务。成立水利国际化人才培养联盟专家咨询和研究机构，深入研究水利技术技能人才的培养和水利技术标准的推广工作。

二、加大经费投入

不断加大水利国际化人才培养资金投入，逐步提高水利国际化人才培养经费占水利人才培养经费比例。建立国际化人才投入与国际工程建设投入匹配机制，引导企业加大水利国际化人才培养资金投入，鼓励企业、社会、校友通过捐赠、设立水利国际化人才培养基金等方式，多渠道加大水利国际化人才培养投入。规范资金管理，水利国际化人才培养联盟统筹资金管理，制定政、行、校、企权责利相对应的资金投入和收益分配方案，严格水利国际化人才培养联盟的资金管理和使用，重点支持水利国际化人才培养联盟建设、课程体系建设、师资队伍建设，以及课题研究等，为水利国际化人才培养联盟的建设、拓展和可持续发展提供可靠经费支持。

三、完善制度体系

完善规章制度，加强水利国际化人才培养联盟规范化管理。制定水利国际化人才培养联盟管理办法等制度文件，明确联盟的组织体系和职责分工，完善联盟的运行管理机制，确定联盟人才培养模式和主要任务。健全标准体系，加强水利国际化人才培养联盟标准化建设。制定水利国际化人才培养联盟建设和运行管理标准，在课程设置、教材开发、师资培训等方面构建标准化培训体系，提高水利国际化人才培养的质量和核心竞争力。

四、强化考核监督

制定水利国际化人才培养联盟考核管理办法，明确考核目标、指标体系和考核标准，实行年度考核与日常考核相结合的考核机制，鼓励通过第三方机构开展水利国际化人才培养情况考核。强化监督管理，联盟开展的培训和项目实行严格的委托合同管理制度，水利国际化人才培养组织领导机构不定期对国际化人才培养联盟进行督查，不断提升联盟水利国际化人才培养质量和效率。

第八章 水利高层次人才管理和交流服务平台建设和管理研究

第一节 其他行业人才管理和服务的经验做法

近年来，其他行业在高层次人才管理和服务平台建设方面进行了实践探索，虽然由于行业特点有所差别，但仍存在一定的共性可供学习借鉴。本书选择交通运输、文化旅游行业以及中国科学院、上海市人力资源公共服务平台建设的做法经验进行分析总结。

一、交通运输行业人才管理与服务的做法

一是开展人才工程建设。2011 年，交通运输部发布《公路水路交通运输中长期人才发展规划纲要（2011—2020 年）》，明确要求重点加强优秀拔尖人才培养（高层次科技人才、高技能实用人才、高素质管理人才）、大力加强重点领域急需紧缺人才培养、继续支持中西部地区人才队伍建设。2019 年，交通运输部开展高层次人才培养项目，组织评选“交通运输青年科技英才”“中青年科技创新领军人才”“全国水运工程勘察设计建造大师”，并在部属单位设立并聘任“首席研究员”“卓越创新团队带头人”等，优先资助依托重大建设工程、重点科研项目、重点科研基地等从事专业技术工作、业绩突出、潜力较大的人才。

二是加强青年人才队伍建设。交通运输部《公路水路交通运输中长期人才发展规划纲要（2011—2020 年）》强调，要“完善部交通青年科技英才评选制度，加大对优秀青年人才的评价、发现和培养力度，造就 500 名左右在各学科领域起骨干作用的优秀青年人才”“完善评选方式，加大评选力度，优化政策导向，明确一定数量或比例用于青年人才、一线人才、基层人才以及中西部地区和少数民族人才评选”。落实上述要求，在交通运输行业高层次人才培养项目中设立“交通运输青年科技英才”“中青年科技创新领军人才”。

三是强化知识型技能人才培训。2019 年，交通运输部、人力资源和社会保障部、中华全国总工会和共青团中央共同主办 2019 年中国技能大赛——第十一届全国交通运输行业职业技能大赛，面向城市轨道交通服务员、汽车维修工和流体装卸操作工 3 个职业展开技能比拼，并面向职业院校在校学生设置学生组比赛，激励引导全国交通运输系统广大职工学技术、练技能，加快培养知识型、技能型和创新型人才队伍。

二、文化旅游行业人才管理与服务的做法

一是实施人才培养计划。2017 年，原国家旅游局印发《“十三五”旅游人才发展规划

纲要》，强调统筹推进旅游行政管理人才、企业经营管理人才、专业技术人才、技能人才、乡村旅游实用人才等五支人才队伍建设，加强旅游人才国际交流与合作，深化旅游人才体制机制改革，明确提出实施旅游行政管理人才培训计划、旅游企业经营管理人才开发计划、旅游行业智库建设计划、万名旅游英才计划、旅游业青年专家提升计划、旅游创新创业人才开发计划、旅游新业态人才开发计划、导游素质提升计划、乡村旅游实用人才开发计划、红色旅游人才发展计划、旅游人才援助计划等11项重点计划。

二是强化青年人才培养和使用。《“十三五”旅游人才发展规划纲要》明确提出，实施“旅游业青年专家提升计划”，加强对入选青年专家的持续培养和使用，设立青年专家专项课题，支持举办青年专家学术沙龙和研究论坛，培育青年专家学术共同体，引导青年专家积极开展乡村旅游公益扶贫，支持地方举办青年专家大讲堂，组织青年专家送教上门，大力开发青年专家课程资源。

三是推进人才信息平台建设。原国家旅游局提出以健全信息化平台为基础，加强组织领导，大力推动多部门协同联动，加强对旅游人才发展的政策引导；建立旅游人才信息平台，强化全国旅游人才工作经验交流和信息共享；营造良好平台环境，加强对旅游人才重要政策措施、重点工作和先进典型的宣传报道，努力开创旅游业“人人皆可成才、人人尽展其才”的良好局面。

三、中国科学院人才管理与服务的做法

中国科学院人才管理与服务以“百人计划”最具代表性。“百人计划”是1994年中国科学院启动的高目标、高标准和高强度支持的人才引进与培养计划，计划以每人200万元的资助力度从国外吸引并培养百余名优秀青年学术带头人。1998年，随着“知识创新工程试点”启动，“百人计划”内涵和形式得到丰富和拓展，设立“引进国外杰出人才计划”，引进全职回国工作的海外优秀人才；设立“海外知名学者”计划，吸引短期来华工作的海外高层次人才；设立国内“百人计划”、项目“百人计划”、自筹“百人计划”等，逐步形成适应不同科研活动人才需求、引才引智相结合的人才计划体系。“百人计划”做法包括：

一是加大经费支持力度，规范对人才的管理。为保证入选者在获得择优支持前顺利组建团队、开展工作，中科院要求招聘单位为“百人计划”入选者提供基本的工作条件和经费支持，启动经费一般不得少于70万元。针对刚回国的“引进国外杰出人才计划”入选者的配偶就业难以落实的客观情况，各单位将入选者岗位津贴从1000元/月调整到1500元/月。为避免择优支持评审过程的偶然性，确保评审的公平与公正，入选者在获得入选资格后的两年内，有两次申请院择优支持机会。对未通过院择优支持、研究所自筹资助的入选者，3年执行期满后，统一参加“百人计划”终期评估，对评估为优秀的入选者，给予后续支持；对评估为不合格的入选者，取消其入选资格。

二是优化评审方式，择优支持优秀人才。在“百人计划”执行过程中，中科院发现原先制定的“所先行推荐，院评审决策”的评审方式逐渐暴露出弊端，主要表现在“资源导向”导致的盲目引进人才现象开始浮现，还有部分单位虽获得了“百人计划”支持，但入选者实际并未真正回国工作，违背了实施“百人计划”的初衷。为充分发挥研究所在人才

引进方面的主体作用，保证引才质量，中科院决定将“百人计划”的评审方式调整为“所自主决策，院择优支持”，将人才引进的决策权交给研究所，鼓励研究所根据发展需要，院择优给予资助，建立人才公平竞争的平台。

三是拓展培养模式，加强对优秀人才的引进和培养。为促进重大项目和重要方向项目的部署与人才培养紧密结合，探索创新人才的凝聚和培养模式，2006 年中科院增设项目“百人计划”，在全院设立 150 个项目“百人计划”岗位，面向海内外招聘优秀人才。项目“百人计划”入选后给予 200 万的项目经费支持。此后，为解决用人单位引进人才需求与“百人计划”设岗相对有限的矛盾，2007 年中科院增设自筹“百人计划”，鼓励研究所自筹经费引进支持急需的优秀人才。以自筹支持招聘的“百人计划”入选者到位工作后，聘用单位对其提供基本工作条件和支持经费，通过院择优支持的入选者，聘用单位将从本单位人才引进专项经费中为其提供专项科研经费支持。

四是加强海外智力引进，凸显优秀人才的团队效应。为做好吸引海外知名学者的工作，中科院将短期回国工作的海外学者，以聘请作为“海外知名学者”形式引进，并纳入“百人计划”管理。“海外知名学者”旨在通过海外高层次人才和智力的引进，实现国内外学者强强联合，在相关科学研究领域迅速形成优秀人才的团队效应，推动国内相关学科的发展，提升中国的科技创新能力。

四、上海市人力资源公共服务平台建设的做法

上海市作为我国经济最为发达的地区之一，拥有国内最为集中的高层次人才群体，高层次人才的活跃程度以及管理经验同样处于国内领先地位，其人力资源公共服务平台建设独具特色。

一是人力资源公共服务平台的功能定位。

（1）为人力资源公共服务活动的开展提供优质的基础设施。在该平台上开展人力资源公共服务，需提供必要的优质公共基础设施，合理配置和公平利用公共资源，维护和提升基础设施的质量和水平。

（2）为人力资源公共服务活动的有序开展创设良好氛围。基础设施的建设主要解决公共服务平台中的硬件支持问题，而有效的公共服务平台还需要良好环境支持。公共服务平台的另一个基本功能就是为人力资源公共服务活动有序开展创设良好氛围，建立和维护良好公共秩序。

（3）对人力资源公共服务的运行实施监督管理。主要是加强对各类中介机构及其服务活动的评估和监控，以及对平台本身运行情况的评估和监控，推动建立和加强社会性专业机构评估责任制，提高评估的公正性和公信度。

二是人力资源公共服务平台的组织运行体系。上海市人力资源公共服务平台的组织架构是由宏观管理部门、执行管理部门、协调部门、平台上活动主体及其他部门共同组成的多层次组织体系。

（1）宏观管理部门。组成平台的协调小组，协调跨部门工作和制定有关政策，确定人力资源公共服务平台建设的指导方针，审定人力资源公共服务平台建设的规划、计划和实施方案，协调其他同级行政部门在平台建设中的关系等。

（2）执行管理部门。负责平台建设的总体规划和推进工作，指导平台运行各项工作。

（3）协调部门。负责人力资源平台建设的操作、项目的组织实施与运营。根据工作性质不同，分为对内和对外两部分。对内主要负责平台的规章制度建设与标准制定、硬件建设与维护、数据库建设与维护、员工培训与管理、财务管理等工作；对外主要负责需求信息的收集与处理、人力资源研究与预测、客户培训及咨询服务等与客户服务相关的内容。

（4）平台上活动主体。从参与者角度来说，平台上的主体非常多而且活跃，包括政府部门、人力资源公共服务机构、中介服务机构、第三方部门和社会公众。

（5）其他部门，包括社会上独立的监督管理机构等。

五、经验借鉴

一是以人才工程作为人才管理和交流服务平台建设的抓手。行业性人才管理和交流服务平台建设，其重要抓手就是在行业人才战略或规划中瞄准高层次人才、青年人才、高技能人才和特定或急需专业的人才类型，实施人才工程或人才项目。一般来说，可按照四种方式进行：①纳入国家的各类人才工程或人才项目平台；②纳入地方政府的各类人才工程或人才项目平台；③建立行业性的人才工程或人才项目平台；④鼓励行业内的重点企事业单位或特大型企业实施人才工程或人才项目平台。通过实施行业人才工程或人才项目，及时、科学、有效地发现、选拔、培育和激励行业优秀人才。

二是把青年人才作为人才管理和交流服务的重点对象。青年人才关系到国家、行业长远发展和永续繁荣。青年人才工作的重点是品质培养、方向引导、能力提升和政策支持，具体推进方式可概括为：①组织开展系统性的理论培训；②组织开展业务学习和技术技能培训；③组织技术技能竞赛；④遴选优秀青年标杆或模范；⑤选送出去进行技术进修或业务深造。如，交通运输部强调加大对优秀青年人才的评价、发现和培养力度，原国家旅游局部署实施旅游业青年专家提升计划。

三是结合行业特点实施职业技能提升行动。人力资源或人才技能是影响行业发展的重要因素。技能的掌握一般通过三种方式实现：①学校的技能教育与训练；②在职的技能教育与训练；③在实践中学习技能，包括新型学徒制。作为行业主管部门，要积极规划人力资源技能培训与职业训练工作，组织行业职业练兵或技能竞赛，实施行业职业技能等级认定，及时发现和培养能工巧匠、技能大师等。如，交通运输部等单位 2019 年组织第十一届全国交通运输行业职业技能大赛，原国家旅游局大力培养旅游技能人才队伍。

四是发挥好人才服务机构的作用。近年来，我国人才服务业呈现出规模越来越大、业务需求越来越多、层次越来越高的特点，服务机构、服务方式多样，服务效能明显，经济成效显著。其中行业性的人才交流中心、人才服务中心等是常见的形式。这类人力资源服务中心常见的具体服务形态包括人才招聘、高级人才寻访（猎头）、人才引进、职业介绍、培训或训练、人才测评、考试、职称评审、职业资格鉴定等方面的服务工作。要培育壮大这类人才服务机构，充分发挥其专业化作用。

五是加强人才管理和交流服务平台的信息与人才保障。得益于现代大数据及信息技术的进步，人才管理服务平台功能及应用不断扩展，要主动追踪和应用最新技术手段，丰富、完善、提升平台功能。平台建设中的信息内容动态更新、平台运行中的技术支持和技术维护以及为高层次人才提供全面系统信息服务和项目申报服务，都需要一支专业技术人才队伍作保障。要推进人才管理和交流服务平台运行保障的人才队伍建设，包括人力资源类专业人才、网络信息技术类人才和后台服务保障类人才。

第二节　人才管理和交流服务平台运行管理框架设计

根据水利高层次人才管理和交流服务平台的目标功能，研究提出水利高层次人才管理和交流服务平台建设的总体框架，包括业务基础平台、业务经办平台、应用支撑平台、业务服务平台，设计运行管理功能模块，强化水利高层次人才管理和交流服务平台对人才工作的支撑保障作用。水利高层次人才管理和交流服务平台的设计框架如图8－1所示。

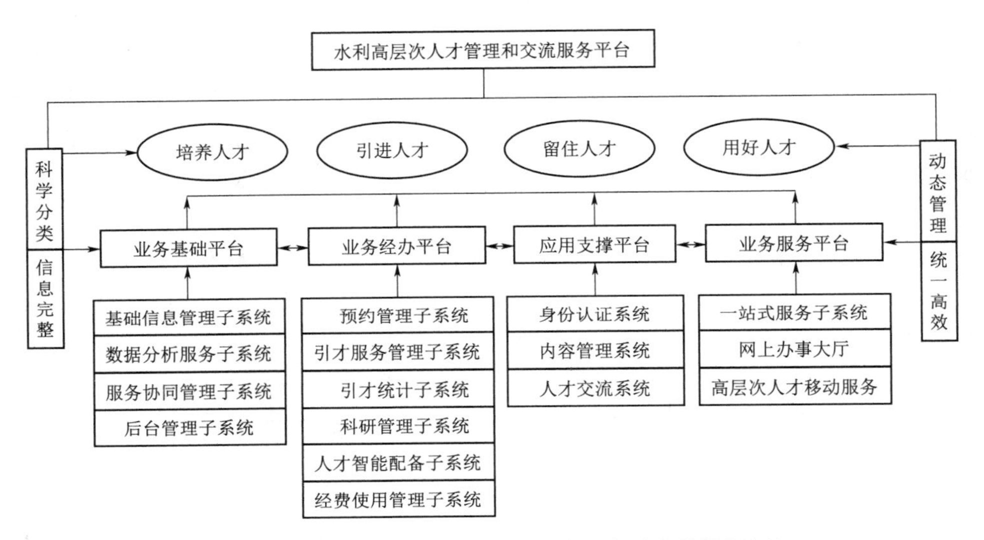

图8－1　水利高层次人才管理和交流服务平台的设计框架

根据水利高层次人才库内容、平台建设功能、公共管理活动及服务内容，水利高层次人才管理和交流服务平台运行管理框架可由基础信息管理子系统、数据分析服务子系统、服务协同管理子系统、后台管理子系统、预约管理子系统、引才服务管理子系统、引才统计子系统、科研管理子系统、人才智能配备子系统、经费使用管理子系统、身份认证子系统、内容管理子系统、人才交流子系统、一站式服务子系统、网上办事大厅、高层次人才移动服务等16子系统构成，包括信息发布、招聘引进、网上办公、人才交流、职业培训、网上咨询、诚信监督、需求调查、下载服务等“一站式”平台栏目。

一、业务基础平台

业务基础平台是以业务为导向、可快速构建应用系统的软件平台。通过开发工具，能够快速研制出所需要的复杂应用软件系统，实现管理软件的业务逻辑和开发技术分层，使得应用系统的开发和实施关注业务任务及其技术的实现。在业务需求满足方面，业务基础平台以业务建模或业务组件为基本手段，预置业务软件模块或模型，在业务模型基础上结合需求直接订制来实施业务应用系统，从而很方便地满足共性或个性化需求。业务基础平台具有更多的灵活性、可扩展性，能够更加方便地进行组件升级和组件维护。

业务基础软件平台是以水利人才业务为导向和驱动、可快速构建水利高层次人才管理和交流服务的应用软件平台，主要解决水利高层次人才相关应用软件的业务描述和操作系统平台、软件基础架构平台之间的交互管理问题。业务基础平台涵盖水利人才的集成应用平台、开发体系，主要包括水利高层次人才的基础信息管理子系统、数据分析服务子系统、服务协同管理子系统和后台管理子系统。水利业务基础平台建设重点是统一管理与分级负责相结合，最大限度保证水利高层次人才数据的安全性，有效提升水利高层次人才管理、服务、交流的效率。

二、业务经办平台

业务经办平台旨在夯实标准化基础，健全专业化的业务经办体系，强化信息化保障，提供一站式的业务办理窗口。客户通过业务办理服务平台可完成身份注册和认证，在线办理各类业务，实时查询业务办理进度、确认及跟踪各业务发展最新动态等内容。业务经办平台建设需要创新水利高层次人才引进方式，通过设立高层次人才基金、开发重大人才合作项目、建立重要人才工程、与国际知名人才中介机构合资合作等，全方位、多渠道、宽领域引进人才。优化水利高层次人才培养支持方式，扩大科研学术交流，构建政产学研联合培养人才模式，加强“人才＋项目”对接。完善人才社会服务链，健全专业化、国际化的人才市场服务体系，形成面向水利高层次人才的人力资源、咨询、信息等高端服务模块，加强一体化配套服务内容建设。

业务经办平台重点在于构建社会化、市场化的优质人才公共管理与服务体系，其运行管理框架主要包括预约管理子系统、引才服务管理子系统、引才统计子系统、科研管理子系统、人才智能配备子系统、经费使用管理子系统等。业务经办平台重点在“培养人才、引进人才、留住人才、用好人才”方面加强业务模块设计，建立契合水利行业特点与水利改革实际的人才管理模式。

三、应用支撑平台

应用系统支撑平台是一个信息的集成环境，将分散、异构的应用和信息资源进行聚合，通过统一的访问入口，实现结构化数据资源、非结构化文档和互联网资源、各种应用系统跨数据库、跨系统平台的无缝接入和集成，提供一个支持信息访问、传递以及协作的集成化环境，实现共性或个性化业务应用的高效开发、集成、部署与管理。依托该平台，根据关键业务信息的安全通道和个性化应用界面，可使不同用户浏览到相互关联的数据，进行相关的事务处理。应用支撑平台用于支撑跨部门、跨应用、跨系统之间的信息协同、共享和互通。

应用支撑平台建设重点是做到水利高层次人才管理和交流服务平台运行管理的技术保障与年度考评相结合，对高层次人才有效实行精准定位、重点支持，最大限度保证水利人才库信息更新的准确性和及时性，逐步提高水利高层次人才使用效能，创造高层次人才脱颖而出的环境。应用支撑平台包括身份认证系统、内容管理系统、人才交流系统。应用支撑业务模型是基于水利高层次人才工作流的业务办理流程，分为业务审批模式、数据处理模式、查询汇总模式、数据发布模式等，有利于支撑水利高层次人才管理和服务，推动人才库高效运行管理。

四、业务服务平台

业务服务平台旨在打造业务驱动的智能数据服务平台，采用多种成熟的开源工具，构建契合业务发展的统一数据服务平台，实现智能化数据服务和智能化平台管理功能。业务服务平台被定位为业务数据的“存储中心、交互中心、处理中心和服务中心”，旨在大力推进“网上办”“掌上办”和“一证通办”，健全专业化的服务体系，进一步提升对客户的响应速度、服务质量和服务效率。

业务服务平台建设重点是做到水利高层次人才管理和交流服务平台运行体系的推广应用与精心服务相结合，确保水利人才库的平稳运行。业务服务平台主要包括一站式服务子系统、网上办事大厅、高层次人才移动服务。业务服务平台旨在完善水利高层次人才服务保障，整合高层次人才服务资源，建立统一的人才公共服务平台和网络平台，为水利高层次人才提供包括政策咨询、专利转化、成果保护、税务登记、社会保障等方面的“一站式”“网络化”“移动化”专业化服务，对各类高层次人才提供“专人对接”“全程代办”“一窗通办”“一次办结”“限时办结”等贴心服务。

五、人才管理和交流服务平台的功能模块设计

水利高层次人才管理和交流服务平台的系统协同关系紧密，其4个业务平台及其16个子系统构成了一个“协同网络”。所谓协同即协调同步作业，是指这16个子系统会同相关管理服务机构，按一定规范与程序相互配合、相互衔接、协调工作，通过不同层面的服务机构或部门的联动以及分布式服务支持方式，构成一个工作网络。协同作业网络体系包括：①有关协调作业部门，即管理服务机构或业务窗口通过专门的网络通道进行互连；②协商制定统一高效的作业规范与程序；③推行实施协调工作，共同作业，完成任务。协同网络的优点是高效、便捷，节省时间，提高效率。但该系统对网络硬件设施和信息流量的要求，以及参与者的同步性、一致性要求非常高，一旦某个系统缺席或者无法跟上业务流程，整个作业网络可能会处于瘫痪状态。

基于上述分析，水利高层次人才管理和交流服务平台体系的4个业务平台及其16个子系统，主要内容包括：一是网上发布系统，旨在提供各方面的重要信息及方便的查询功能。二是网上引进系统，主要特点是通过互联网信息的共享，整合现有覆盖全社会的人力资源信息，服务内容包括招聘信息发布、个人求职、人才推荐及海外招聘服务等。三是网上办公系统，及时发布政府人事部门和社会服务相关部门的人事信息、人事政策法规信息、公告、通知等内容，提供人才业务办理中所必需填报的各类表格下载服务，方便人才在网上办理各类人事业务。四是人才交流系统，主要提供人才交流与派遣服务。五是职业培训系统，可以提供丰富的培训课程。六是网上咨询系统，可以为人才提供人事测评及专

家咨询等功能。七是诚信监督系统，对人才的诚信信息进行汇总和监督。八是需求调查系统。九是下载服务系统，主要是对人才用户提供常用工具、业务表格下载的服务。水利高层次人才管理和交流服务平台的功能模块框架如图 8-2 所示。

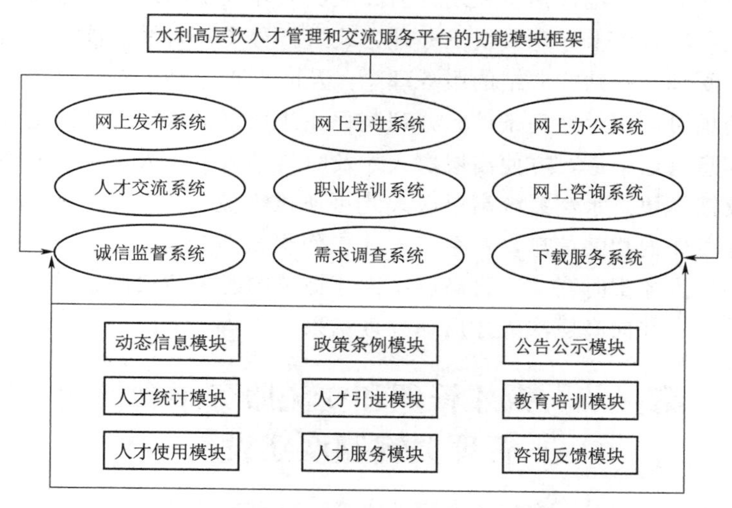

图 8-2 水利高层次人才管理和交流服务平台的功能模块框架

按照行业、地区人才管理和服务交流平台建设经验，结合水利行业特点，明确水利高层次人才管理和交流服务平台的模块或栏目设置包括以下九方面。

一是动态信息模块。主要为平台使用者提供本系统内人才工作动态信息，重点是与高层次人才开发相关的人才计划、人才工程、人才交流、人才培训等方面的信息内容。动态信息内容收集要求全面准确、更新及时。

二是政策条例模块。主要为平台使用者提供国家、所在区域、行业系统内部的人才开发，特别是与高层次人才开发相关的政策法规、通知规定的文件内容，为高层次人才了解和掌握相关政策规定提供便利。

三是公告公示模块。主要是及时向平台使用者提供本系统人才认定、人才评选、人才使用等方面的公示信息，以及部门单位认为需要在平台公开发布的信息。为方便高层次人才对公示内容的意见反馈，本模块可为高层次人才设置意见反馈通道。

四是人才统计模块。主要向高层次人才提供人才情况信息登记表，引导高层次人才及时将个人信息、工作信息登记入库，将填报数据与本系统原有人才数据库贯通，形成本系统高层次人才动态数据库。

五是人才引进模块。主要发布系统内部门、单位对高层次人才的招聘信息，利用高层次人才数据库优势，为聘用单位提供重点目标人才信息，协助高层次人才向更能发挥其专业优势、能力特长的单位、部门有序流动。

六是教育培训模块。①面向水利系统高层次人才提供水利行业通用性的前沿科技理论知识；②组织举办水利系统高层次人才专业知识和能力提升培训课程。

七是人才使用（项目合作）模块。主要通过发布系统内各单位、各部门在相关项目开发中的人才需求信息，解决系统内高层次人才的柔性引进、流动和使用问题。

八是人才服务模块。

（1）将平台可以为高层次人才提供服务的项目应收尽收，既包括水利系统为高层次人才提供的政策服务项目，也包括所在地方为高层次人才提供的政策服务项目。

（2）根据服务项目线上办理或线下办理方式进行分类，对线上能够直接办理的相关项目，坚持一站式受理、一站式办结的服务理念，及时办理办结；对于需要本人亲自到线下服务大厅办理的项目，明示办理条件、办理流程、注意事项等，实现线上线下协力通办。

（3）开通信息沟通渠道，方便高层次人才及时与平台工作人员沟通和咨询。

九是咨询反馈模块。水利系统高层次人才可通过交流互动渠道，咨询相关政策条文、了解本系统人才工作的相关信息，对系统人才工作提出意见建议。该模块需有专人值守，能够与水利高层次人才实时互动，将高层次人才提出的意见建议归纳整理，及时向有关领导和相关部门汇报，并向高层次人才反馈处理结果。

第三节　人才管理和交流服务平台使用管理关键制度建设

借鉴行业内外有关经验，突出水利事业需要、水利行业特点、人才发展实际，依托水利高层次人才库，着重在“培养人才、引进人才、留住人才、用好人才”上下工夫，优化高层次人才管理和服务的制度需求，建立入库人才使用激励、考核评价、交流服务、补充退出等机制，对水利高层次人才实行合理分类、精准定位、科学管理、普惠支持，引领带动水利人才队伍建设。

一、人才培养使用制度建设

一是实行“人才＋项目”培养制度。搭建重点项目与入库人才的供求对接机制，推动入库人才培养使用与国家发展战略、重大水问题的深度融合，以“大投入、大项目、大成果”为依托，将项目安排与人才培养有机结合起来，优先选拔入库人才承担水利重大科研任务，为入库人才早出成果、出大成果创造条件。建立重大项目“双负责人制”，安排一名45岁以下的优秀青年人才作为项目第二负责人，建立在重大科研、工程项目实施和急难险重工作中发现、识别、培养优秀青年人才的机制。

二是丰富人才培养开发途径。加强与其他部委及地方的交流合作，以“部部共建”“部省共建”方式共建科技创新平台、合建人才培养基地、共同实施重大项目、高层次人才双向交流、“双导师制”等，联合培养高层次人才和创新团队。每年不定期组织入库人才进行专业研修和出国培训、考察，建立公派出国交流专项，择优遴选入库人才纳入水利国际化人才培养项目，推进本土水利人才国际化培养。推进与发达国家国际知名高校和科研机构的科研、教学项目合作及学术交流，加强政府间培训项目的合作。建立水利人才上挂下派、跨行业常态交流机制。加强入库人才学术交流，定期举办水利高层次人才学术交流活动及专业论坛等活动，积极推送入库人才到国际水利行业协会学会组织任职。

三是探索实施“揭榜挂帅”制度。借助水利高层次人才管理和交流服务平台，围绕涉水的关键核心技术和重大应急攻关项目，调研总结水利领域的薄弱环节和“卡脖子”问题，建立悬赏项目池，设立明确的悬赏金额、技术指标和攻关周期，探索实行揭榜标的公开募集、申请入口向全面开放、不设门槛公开招标、平行竞争研发、结果导向评审、唯成果兑奖资助的“揭榜挂帅”制度。

四是多层次组建培育人才创新团队。以组建国际化创新团队的形式引进海外高层次水利人才，采取个人自荐或专家举荐方式积极吸纳在海外高校或科研机构从事水利相关工作，取得国际同行公认的重要研究成果，或掌握关键技术、拥有水利领域重大发明专利等的海外优秀水利人才，与国内入库人才共同组建国际化创新团队，合作开展水利相关研究。鼓励用人单位自筹经费采取外部联合、内部组建等方式多层次组建创新团队，对取得突出成效的团队给予认可，作为部级创新团队的有效补充。

五是实施青年人才接力培养计划。探索在优秀青年人才与行业领军人才之间建立“传、帮、带”机制，在优秀青年人才中遴选一批重点培养人选，在行业领军人才中遴选一批重大科研项目负责人或科技创新平台学术带头人作为导师，两者进行双向选择后确定结对组合，制定个性化培养方案，签订培养协议。培养对象的选拔重点向涉水关键技术领域和流域机构人才倾斜。

六是创新科研项目管理机制。在入库人才承担水利部重大科研项目过程中，简化科研项目申报和过程管理流程，对项目实行“里程碑”式管理，减少各种过程性评估、检查、抽查、审计等。改进科研仪器设备耗材采购管理，简化采购流程，缩短采购周期，对科研急需的设备和耗材，采用特事特办、随到随办、限时办结的采购机制。赋予入库人才更大科研自主权，实行项目负责人制，项目负责人可自主调整研究方案和技术路线，自主组织科研团队，自主使用设备，全权负责相关项目要素资源的调配、创新活动的组织和实施。赋予项目负责人科研经费支配自主权，凡不涉及重大安全利益的，处置权一律下放给项目团队，探索在中小型科研项目中实行包干制。

二、人才评价激励制度建设

一是实行考评制度。

（1）实施年度考评。考评内容包括综合素质、工作进展、项目实施效果、科研产出、人才培养及团队建设、经费情况等，对考评结果为优秀的人才进行业绩展示。

（2）实施聘期考评。聘期结束后，结合高层次人才特点和水利项目特点实施综合考评，重点对入库人才及团队的能力、成果、贡献等进行考评。强化考评结果在入库人才后续支持、职称评审、研修访学、项目申报、物质奖励、荣誉表彰等方面的运用。

二是改革人才职称评审制度。建立高层次人才职称申报绿色通道，对取得国家级人才表彰奖励、获得国家级科技奖项、担任国家级重大科技项目负责人、取得关键核心技术突破、解决“卡脖子”重大工程技术难题、做出重大贡献以及在自主创新和科技成果转化过程中取得突出成绩的水利人才，可不受学历、资历等条件限制，破格申报高级职称评审。对优秀青年人才，可不受学历、资历等条件限制，破格申请相应职称评审。推行职称评审代表作制度，人才可自主选择专利成果、技术报告、设计文件、技术标准、行业工法、技术转移转化服务合同、专业论文等代表性成果提交答辩评审。

三是建立鼓励创新、宽容失败的容错机制。对承担探索性强、风险度高的水利科研项目的入库人才及创新团队，能够充分证明承担项目的单位和科技人员已经履行勤勉尽责义务或因客观原因失败或未达到预定目标，经过组织专家论证后，按照容错原则，允许项目结题，不追究相关人员责任，已拨付经费不予追回，不影响团队和个人再次申请财政资金设立的科技项目；对没有完成的项目，在条件许可后可再申报立项并获得有关政策与资金支持。鼓励人才开展创新型非传统水利科研项目，对创新性强、体量大、攻坚任务重的项目可适当延长项目时限，并给予滚动支持或追加资助，鼓励人才就某一研究领域不断拓展深耕，积极培育适应水利改革发展需要的领军人才和高水平创新团队。

四是强化绩效工资激励导向。对事业单位部分紧缺或急需引进高层次人才试行年薪制、协议工资制、项目工资制等灵活多样的分配形式，且年薪工资、协议工资、项目工资等不纳入单位绩效工资总量管理，不受工资总额增长比例限制。事业单位科研人员职务科技成果转化现金奖励计入当年本单位绩效工资总量，但不受总量限制、不纳入总量基数。不断完善水利入库人才的绩效奖励分配制度，适当拉大收入差距，充分体现多劳多得、优绩优酬。

五是建立健全人才表彰奖励制度。对获得省部级及以上奖励、对推动水利技术进步做出突出贡献的人才，以及能够解决水利重大技术问题或在重大生产实践中发挥主要作用的人员，聘期内给予一次性奖励。对在水利重大工程建设、重大政策制定、重要项目实施、重大技术攻关和水利人才培养等方面做出突出贡献的入库人才颁发荣誉证书，给予一定奖金奖励，并在评优评先中给予优先考虑。优先推荐入库人才申报院士人选、国务院特殊津贴、“万人计划”、首席技师、中国水利学会青年人才托举工程等。加大优秀人才先进事迹宣传力度，增加其荣誉感。

三、人才管理和服务制度建设

一是实行入库人才分类管理。

（1）面向全国水利系统建立院士、首席专家制度。聚焦防汛抢险、水文水资源、水土保持、规划设计、水利信息技术、水环境监测等领域有重要影响力的领军人物或在治水工作中有重要影响的领军人才，鼓励其在水利科技发展中作出卓越贡献，对水利事业发展发挥引领和带动作用。

（2）面向重要科研、管理岗位建立学科带头人制度。结合“强监管、补短板”，推动学科带头人重点在水文与水资源工程、水利水电工程、港口航道与海岸工程、农业水利工程及相关业务领域取得优秀成果，发挥重要技术统领作用。

（3）面向水利工作一线建立首席工程师制度。促进优秀应用型人才在水利业务工作中发挥骨干核心作用与发展潜力，解决水利改革发展实际问题。

二是实行入库人才动态管理。对入库人才实行固定期限聘任制，构建水利入库人才有效竞争、及时补充和末位淘汰的正常进出机制。结合年度考评结果，考评合格的入库人才，继续留任；连续两年年度考评不合格的入库人才以及出现不恪守职业道德、不遵守学术规范，存在科研失信行为的，不再续约；后备人才经评审符合入选条件的，按照遴选条件和程序新增为人才库人才。对因工作变动、退休等原因不再作为入库人才的，及时调整出库。加强对人才入库信息的收集和整理，并将入库人才的变动情况，如工作调动、职务调整、重大奖惩等重要信息，及时进行相应更新。

三是优化入库人才服务保障体系。将入库人才纳入党委重点联系专家范围，建立定期联络入库人才制度，人才库主管部门、入库人才所在单位、部门要与入库人才保持经常性联系，定期开展座谈、咨询和慰问。加大科研经费投入，对入库人才开展服务国家发展战略及水利中心工作的重大研究过程中，给予充足的经费保障及配套设施供给。提高入库人才待遇保障，对入库人才按月发放一定的高层次人才津贴，由人才库主管部门和入库人才所在单位共同承担。

第九章

水利人才创新发展基金建设研究

第一节　我国基金会发展的现状和政策环境

一、我国基金会发展现状

据统计，截至2018年年底，我国基金会总数已达6600多家（不含港澳台数据），其中，民间性、社会性较强的基金会已经超过总数量的2/3。我国基金会主要分布在社会经济发展较好的东部沿海省份，中、西部欠发达地区省份的基金会数量相对较少。基金会数量最多的前五个省级行政区分别是广东省、北京市、江苏省、浙江省、上海市，这五个省级行政区的基金会总数占全国基金会总数的54.2%。

目前，我国基金会发展呈现以下特点：

一是基金会的总体数量呈现上升趋势。自改革开放尤其是2004年《基金会管理条例》实施以来，全国基金会总数呈现明显的增长趋势，而且增长的幅度每年都在加大。近10年来，基金会总数增长了4.4倍。其中，由企业（企业家）等社会人士发起设立的明显具有民间性、社会性特征的基金会比重越来越大。

二是关注的业务领域基本与中国社会发展情况一致。改革开放以来，中国经济尤其是以城市为中心的经济得到快速改善和发展，然而占据绝大部分国土面积的农村，其经济、教育、医疗等方面的发展明显滞后，需要帮助的特殊人群发展机会及社会关注存在欠缺，其生存发展能力脆弱，再加上灾害频发，使得社会问题并没随着经济的发展有所减少。

三是基金会数量分布地域不均。基金会的诞生与财富及创新意识有着密切联系，所以其数量也跟地域经济发展紧密相关，基金会数量在地域分布上，也主要集中在经济发达的北上广及江浙沿海地区，而内陆地区尤其是经济欠发达省份，基金会数量十分稀少。中东部地区得益于地理位置、政府法律政策及人们的开放意识等，经济发展状况优于西部偏远地区。

四是基金会从业人员结构不合理。在基金会从业人员构成上，决策机构理事会的平均人数远远高于执行机构工作人员的平均数，这种状况既与相关法规政策的引导有关，也与中国基金会本身先天设立动机等因素有着不可分割的关系。有相当数量的基金会只有决策机构而没有执行机构。此外，人员结构的不合理还在年龄、性别比例等方面有所体现。

五是基金会资产规模总体偏小。尽管近40年来，中国整体经济取得长足发展，民众财富也有所积累，但相对而言，财富规模都非常有限。再加上法律政策一开始就以管理和限制为出发点，所以中国基金会不管是个体还是整体，其资产规模依然偏小，超过半数的基金会净资产在1000万元以下。从数据上看，较高资产的基金会很多都是公益性体现并不充分的学校类基金会。

随着我国经济社会的不断发展，基金会等社会组织的作用和需求越来越强。未来我国基金会发展将呈现以下趋势：

一是基金会数量增长空间巨大，类型将更加多元化。目前中国基金会数量只有不到7000家，大致相当于美国20世纪60年代末的水平。随着中国社会经济快速发展，财富进一步壮大积累，法律政策进一步完善健全，公众参与意识不断提高，未来我国基金会在数量上会不断突破，有相当大的增长空间。其类型也会伴随着我国社会的不断变化，从集中关注传统的社会问题到领域、类型更加多元，将会逐渐涉及社会、经济、生活的方方面面。

二是基金会将朝着管理现代化方向发展，更加专业、高效、透明。基金会作为推动社会创新的引擎，其拥有代表着先进理念和专业方法的资金等资源，因此，现代化、优秀有效的管理和发展理念将会更多运用到基金会的日常工作中。基金会将充分借鉴、吸收政府、企业或其他组织机构的先进经验，在此基础上实现创新和突破，使基金会运作更加专业、高效，管理越来越透明，接近公益慈善组织自身的本质特性。

三是基金会将从传统、简单的资助到重视传授方法、技术到全方位建设。我国基金会在过去30多年的实践探索中，操作方法和认知水平不断提高。传统、简单的资助在特定时期发挥了非常重要的作用，但伴随着社会的全面发展，其效率低下、效果有限等弊端逐渐显现，所以基金会开始反思并尝试改变，将重点放到如何帮助有需求的人群改进意识、提升技能、掌握方法，在此基础上将资助视角触及对受助对象有影响的人、机构或者系统上，全方位推动改变。

四是基金会将更加重视自身的变革创新和社会影响力提升。基金会在社会领域不断尝试、探索，逐渐回归到其本来的属性，所以新生代的基金会将越来越重视对做事情的人或机构能力的提升，通过人或者机构促成社会的变革创新，最终推动社会问题的解决。从发展趋势看，未来将会有一大批的基金会从更广、更深的角度去推动社会变革，用创新方式促成社会发展进步。

二、非公募基金会发展现状

鉴于水利部拟成立的水利人才创新发展的基金会属于非公募基金会，本书重点对我国非公募基金会的发展现状进行概述。

近年来，我国非公募基金会发展进入了快速增长阶段，在民政部以及地方各级民政部门注册的数量急剧增加，成长空间巨大，但从非公募基金会的绝对数量、相对比重、总资产、捐赠总额以及受赠总额等重要指标来看，相对于西方发达国家而言，中国非公募基金会还存在着巨大的差距。

一是非公募基金会迅速崛起，发展空间巨大。当前，我国非公募基金会平均年增长率为35％左右，远高于同期公募基金会平均9％的年增长率，在整个基金会格局中所占比重迅速扩大，已经打破了公募基金会独大的格局。但是，无论是从绝对数量和相对数量，还是从总资产、捐赠总额以及受赠总额等各个重要指标来看，相对于西方发达国家而言，我国非公募基金会仍然存在巨大差距。随着我国经济社会的不断发展，按照近年来的发展态势，在未来10年内，我国非公募基金会在绝对数量以及相对比重上将占据压倒性优势，地方性基金会也将获得持续快速发展，将彻底改变传统基金会格局，形成以非公募基金会为主体的现代慈善基金会格局。

二是非公募基金会发展呈现显著的区域不平衡特点。由于中国区域经济与社会发展差距较大，非公募基金会在起步阶段就呈现出了显著的区域发展不平衡特点。我国东中西各省非公募基金会数量与相对比重差距悬殊，主要是由我国区域经济发展程度以及社会发育程度差距较大造成的。

三是非公募基金会开始打破类型单一化，但多元化趋势仍有待加强。中国整个基金会格局中，其宗旨和资助方向大多偏好于教育以及传统的救灾济贫、扶弱助残等救济领域，而立志于健康医疗卫生、艺术文化、环境保护、公共服务、社区发展、政策倡导以及公益支持等其他更为广阔的社会公共领域内的资助则较弱。随着非公募基金会的快速崛起，在多样化的社会公共领域中，开始出现多元化趋势，逐步打破类型单一化状况。但是，目前中国绝大多数非公募基金会的资助取向还主要集中在传统的教育、济贫助残、救灾等领域，而在推动科技文化创新、促进医疗卫生事业发展、资助环境保护、支持社区进步等非传统领域则分化不明显，多元化趋势还有待于进一步发展与强化。

四是非公募基金会主要属于项目运作型，而非公益资助型。现代基金会的发展功能定位并不是开展具体项目运作，直接与被服务对象打交道，而是通过资助其他非营利机构，让其他非营利机构开展服务项目，从而实现非公募基金会的自身宗旨。令人遗憾的是，我国大多数非公募基金会热衷于具体的项目运作，而非公益资助。

三、我国基金会的现行制度和政策环境

（一）我国基金会的内部治理机制

从环球视野来看，现代基金会的治理结构脱胎于公司治理结构模型，组织内部所有权和控制权相分离。基金会的治理结构虽然从公司治理结构演化而来，但由于财产权结构的不同，基金会内部存在“股权缺失”的现象，其治理模式也应与公司治理区别开来。基金会的捐资人在捐出财产后便立即失去财产的所有权，基金会财产独立于捐助人而存在，而在基金会内部，管理人也无权享受利益分配，基金会资产和收益服务于第三方受益人。对于基金会的组织结构，许多国家普遍采用分权的非等级式网络模式，即将权利分化给各部门，部门间不存在管理与被管理的关系，基金会的活动方式通常也十分民主化。

我国对基金会的设立和立法起步较晚，但就其内部治理、外部监督等制度设计而言，仍遵从了国际通行做法。我国基金会的制度设计，集中体现在《基金会管理条例》上。2004年我国出台的《基金会管理条例》要求基金会内部设立理事会和监事，分别为基金会的决策机构和内部监督机构，理事会负责基金会的日常管理工作，监事负责检查基金会财务和会计资料，对基金会实行内部监督；理事会内部设理事长，是基金会的法定代表人，另设副理事长和秘书长。《基金会管理条例》要求基金会设章程，并依照章程进行日常活动和组织管理。但实践中，由于法律缺乏明确的规定，我国基金会设立是否需要以章程为基础仍然存在一定争议。

1. 理事会制度

基金会内部治理模式脱胎于公司治理模型，因而基金会的理事会也如同公司的董事会一般具有基金会的管理和决策权，理事需要像公司董事一般承担基金会管理职责。但与公司所不同的是，由于基金会内部存在“股权缺失”，没有股东，任何受益人不享有剩余索取权，因而理事会的管理活动不再是为股东利益服务，而是为捐款人和理事会以外的第三方受益人服务，理事职责不再是追求股东利益的最大化，而是实现基金会的公益目标，最大限度地利用基金会的资源为公益事业服务。理事会治理是基金会内部治理的核心环节，良好的理事会治理不仅是维系基金会运行举足轻重的一环，也是实现基金会宗旨的坚实基础。

2004 年出台的《基金会管理条例》将理事会确定为“基金会的决策机构”，对基金会内部组织机构进行了规定，涉及基金会理事会的人数、任期、连任规则、权利和义务等。同时《基金会管理条例》还要求基金会的章程应包含理事会对基金会的管理方法、理事会的构成和形成方式。比较常见的理事选任方式有设立人选任、司法机关选任和监事会选任。《基金会管理条例》并未对理事的选任方式和资格有具体的要求，仅规定这一内容由章程确定。《基金会管理条例》规定，理事会的人数根据基金会的需要，可选到 25 人，理事任期的上限不得超过 5 年，允许连任。法律对理事会的组成也有一定要求：理事会内部设理事长，为基金会的法定代表人，此外还设副理事长和秘书长，理事长、副理事长和秘书长皆从理事中以选举方式产生；在以私人财产为基础设立的非公募基金会内部，存在近亲属关系的理事不得超过总人数的 1/3，其他基金会则禁止具有近亲属关系的理事同时在基金会内部任职。法律还规定了领取报酬的理事不能超过理事总数的 1/3。

同时，《基金会管理条例》对基金会理事长、副理事长和秘书长的兼任规则进行了规范：禁止现职国家工作人员兼任基金会的理事长、副理事长和秘书长；禁止基金会理事长兼任其他组织的法定代表人。同时，还要求排除利益相关理事的决策权，即当基金会利益与个人利益关联时，相关理事不得参与该事务的决策；基金会禁止理事及其近亲属不法自我交易；不在基金会内部负责专职工作的理事无权从基金会领取报酬；必须由内地居民担任公募基金会和原始基金来自中国内地的非公募基金会的法定代表人。

理事会的具体职权和议事规则由基金会章程规定。理事会每年至少召开两次会议，须有占理事会总人数 2/3 以上的理事出席方可召开。除包括章程修改、理事长和副理事长以及秘书长的选任及罢免、重大募捐、基金会的分立、合并等在内的重要事项必须经出席理事人数的 2/3 以上通过才有效外，其他一般事项规定要由出席会议的理事过半数通过方为有效。但《基金会管理条例》未对基金会理事的义务做出强制性要求，只在第三章第二十一条规定理事会有定期举行会议的义务，第二十四条规定香港居民、澳门居民、台湾居民、外国人以及境外基金会代表机构的负责人在基金会理事会担任理事长、副理事长以及秘书长时，其在内地居住逗留的时间年均不少于 3 个月。由于基金会治理模式来源于公司治理模式，所以很多国家的普遍做法是将基金会理事的义务比照公司董事的义务进行要求。通常基金会理事的义务与公司董事义务相似，主要包括注意义务、忠诚义务和服从义务。

2. 监事制度

《基金会管理条例》规定，监事拥有与理事相同的任期。理事及其近亲属、基金会财会人员被排除在监事选用范围之外。监事的具体职责、产生程序、议事规则、资格和任期则根据基金会章程确定。整体而言，监事的基本职能主要包括检查基金会的财务状况、监督理事和管理者的行为是否违反基金会章程或者法律、在基金会的利益受到损害的时候要求理事和管理人员进行纠正、监事有权出席理事会会议并向理事会提出质询和建议。监事的义务包括：向管理机关和相关机构反映情况、依照章程和法律检查财务和会计资料并对基金会进行内部监督。

（二）我国基金会的外部监管制度

建立和完善基金会的外部监管体系，是促进我国基金会发展的重要条件，也是构建和谐社会的内在需求。

1. 基金会外部监管制度的法律框架

我国基金会目前的法律监管体系是由一部行政法规《基金会管理条例》领衔，辅之以《民间非营利组织会计制度》《基金会年度检查办法》《基金会信息公布办法》《关于公益性捐赠税前扣除有关问题的通知》《关于非营利组织企业所得税免税收入问题的通知》《关于非营利组织免税资格认定管理有关问题的通知》《关于规范基金会行为的若干规定（试行）》等部门规章，并包括《中华人民共和国企业所得税法》《中华人民共和国个人所得税法》《中华人民共和国公益事业捐赠法》等法律文件中涉及公益事业税收优惠制度的内容。上述法律法规共同构成了我国基金会法律制度的法律框架。

2004 年国务院出台的《基金会管理条例》是目前我国基金会相关法律法规中规定最为全面的法律规范，在我国基金会法律监管体系中占据核心位置。《基金会管理条例》的主要内容包括：突破 1988 年《基金会管理办法》中对基金会的“社会团体法人”的定义，将基金会定义为“非营利法人”，明确了基金会法人的法律地位；根据能否公开向社会募捐，将基金会划分为公募基金会和非公募基金会两种类型，并分别对两种基金会进行不同管控；比照公司法，对基金会的设立条件、组织机构等基本内容予以确认；制定基金会管理机构的议事规则，强化对基金会的管理和监督。此外，《基金会管理条例》还分别规定了公募基金会和非公募基金会的年公益支出比例，以及基金会工作人员工资福利和行政办公支出比例限制。这是对“基金会内部任何利益主体不得享有剩余索取权”规则的确认，对实现基金会的公益目的具有重要意义。

2006 年颁布的《基金会年度检查办法》细化了基金会年检制度，除了基金会年检工作报告的内容等基本方面外，还确定了年检不合格的处罚措施。同时《基金会信息公布办法》细化了基金会信息公布的内容、公布流程、监督管理等。除此之外，《民间非营利组织会计制度》（财会〔2004〕7 号）、《全国性民间组织评估实施办法》（民函〔2007〕232 号）、《救灾捐赠管理办法》（2008 民政部令第 35 号）等法律法规都有涉及基金会或公益事业的规定。

《基金会管理条例》为我国基金会治理构建了一个较为合理的制度框架，出台以后我国的基金会事业有了突飞猛进的发展，但同时《基金会管理条例》也存在诸多争议。随着基金会的蓬勃发展，实践中所遇到的问题可能是极其复杂的，《基金会管理条例》有待进一步的探索与完善。

2. 双重管理模式

在我国政府为主导的大背景下，基金会外部监管体制向来以严谨的行政管控为主。1988年《基金会管理办法》以整顿基金会为目标，为我国基金会设置了三重监管体制。基金会的设立首先需要经过主管机关的批准，再由管理机关报经中国人民银行审批，通过审批后再经民政部门许可，方可成立。在改革开放社会资源组织和分配方式变革的背景下，公法干预成为我国基金会法律制度构建的基本立场，《基金会管理办法》通过高门槛和复杂的设立程序，通过严格的行政管控来实现基金会的整顿清理，意图从设立程序上防止非法组织的乱入，构建了以重在"防弊"的"行政管控型"为出发点的基金会法律制度。2004年《基金会管理条例》出台，《基金会管理办法》随之失效，其确定的基金会三重监管体制随之瓦解。

《基金会管理条例》的出台将基金会的发展带入双重管理阶段。双重管理体制是指对基金会实施登记管理机关与业务管理机关分工负责的行政管理制度，由民政部门担任基金会的登记管理机关，负责实施基金会年度审查，监管基金会日常活动和管理，并对违反《基金会管理条例》的行为进行行政处罚，而基金会的业务管理机关则由国务院及各级政府有关部门或国务院及各级政府授权的部门担任，主要职责包括指导基金会的日常活动、实施年检初审并配合登记管理机关实施基金会的监管等。双重管理体制降低了基金会准入门槛，放松了对基金会的行政管控，但实际上依然延续了三重监管体制以公法干预为主要管控方式的理念，行政干预仍然严格控制着基金会的设立与运行，实践中基金会的发展仍然受到严苛的法律环境的抑制，基金会的积极作用没有得到最大限度的发挥。

3. 信息披露制度

信息透明度与公信度密切相关，尤其对于基金会这样的以公益为宗旨的慈善组织来说，公众的信赖便是其得以维持的生命线。2006年出台的《基金会信息公布办法》和《基金会年度检查办法》是我国基金会信息披露制度的核心法律文件。《基金会信息公布办法》确定了基金会对外信息公布的基本程序，包括信息内容、公布时间、公布方式等主要方面。《基金会年度检查办法》则规定了登记机关对基金会的年检制度，其主要内容包括基金会年检时间、年检内容，以及年检标准。总体上看，《基金会信息公布办法》《基金会年度检查办法》法律位阶较低，内容还停留在简单的制度框架层面，缺少法律问责机制保障，无法从根本上实现基金会信息的公开透明。

4. 税收优惠制度

从社会分工的层面看，国家是保护和照顾弱者、维护社会公平正义的基本力量。基金会的存在分担了国家保护和照顾弱者的责任，促进社会公平正义，应属于社会所期望的行为，应该受到国家的鼓励和支持。这是基金会税收优惠制度的理论基础。

税收优惠制度向来是各国政府对基金会实施监管的重要手段，在一些发达国家，税收甚至是政府进行基金会治理的唯一手段。近年来，我国颁布了一系列法律法规来完善基金会税收优惠制度，主要涉及《中华人民共和国契税暂行条例》《中华人民共和国公益事业捐赠法》《中华人民共和国企业所得税法》《中华人民共和国企业所得税法实施条例》《中华人民共和国个人所得税法》《中华人民共和国个人所得税法实施条例》《关于公益性捐赠税前扣除有关问题的通知》《基金会公益性捐赠税前扣除资格审核工作实施方案》等法律文件。这些法律文件确定了基金会税收优惠原则。

按照《中华人民共和国公益事业捐赠法》的规定，享受税收优惠的收入仅限于公益捐赠，享受优惠的税种包括增值税、契税、企业所得税、个人所得税、关税等。《中华人民共和国企业所得税法》第九条规定，企业发生的公益性捐赠支出，在年度利润总额12%以内的部分，准予在计算应纳税所得额时扣除。《中华人民共和国个人所得税法实施条例》规定个人将其所得对教育事业和其他公益事业的捐赠，捐赠额未超过纳税义务人申报的应纳税所得额30%的部分，可以从其应纳税所得额中扣除。2009年财政部、国家税务局发布《关于非营利组织企业所得税免税收入问题的通知》确定了非营利组织免税收入包括单位和个人捐赠。《中华人民共和国企业所得税法》第七条规定不征税收入包括财政拨款、依法收取并纳入财政管理的行政事业性收费、政府性基金，以及国务院规定的其他不征税收入。《关于非营利组织免税资格认定有关问题的通知》《关于公益性捐赠税前扣除有关问题的通知》等法律文件则分别对基金会的免税资格、申请税前扣除条件作出了规范。

上述规定对于鼓励公益捐赠和基金会的发展发挥了十分重要的作用。但在制度完善的同时，也出现了一些新问题。我国自2008年起实行“两税合一”后，基金会税前扣除资格每年都必须进行审核，审核花费时间较长，程序也较为烦琐，在某种程度上不符合基金会发展需求。总的来看，我国当前涉及税收优惠的法律法规较多，甚至存在规定不一致的地方，亟待进一步整合。

第二节 基金会建设和管理典型案例分析

为借鉴相关基金会的做法经验，课题组对国内以推动人才教育发展为宗旨的全国性基金会进行了调查研究，选取中国教育发展基金会、中国留学人才发展基金会、中国光华科技基金会、北京陶诗言气象发展基金会等开展了案例研究，探讨其登记成立及运行管理的做法经验。

一、中国教育发展基金会

中国教育发展基金会是2003年在民政部登记成立的全国性公募基金会，2006年3月30日正式挂牌运行。它的申请，从一开始得到了教育部和财政部的支持，2003年6月提出申请，12月26日得到了民政部的批准，是我国少数几个获得财政支持的大型基金会之一。该基金会的理事长一般为时任教育部主要负责人，监事一般由财政部派出。其宗旨为：以马克思列宁主义、毛泽东思想、邓小平理论、“三个代表”重要思想、科学发展观和习近平新时代中国特色社会主义思想为指导和行动指南，始终坚持党的领导，把党的工作融入中国教育发展基金会运行和发展全过程。开展经常性的全国助学、助教、改善办学条件及其他有关活动，促进教育及其他有关事业的健康发展。

中国教育发展基金会一直倡导与社会各方面密切合作，坚持公益性和教育性，坚持公开透明的工作原则，千方百计筹集款物，充分发挥自身灵活高效的特点，开展了形式多样的公益活动，配合政府做好教育领域拾遗补缺的工作。截至2018年年底，中国教育发展基金会共募集社会捐赠款物和接受政府委托项目资金 159 亿元，自 2003 年以来，几乎每年都有 10 亿元以上的收入。该基金会共开展了 700 多个教育公益类项目，直接资助各级各类家庭经济困难学生 443 万人次，直接资助中西部地区家庭经济特别困难教师 32 万人次。

2016 年 9 月《中华人民共和国慈善法》正式颁布实施之后，中国教育发展基金会于同年 10 月被民政部认定为慈善组织，并获得公开募捐资格。近年来，基金会的公益慈善工作得到了社会各界认可，并被民政部评为 5A 级基金会和全国先进社会组织。

中国教育发展基金会从发起到正式成立，甚至资金支持，自始至终得到了国家有关部门的高度重视，因其独特的社会作用，在吸引社会捐赠方面也有其他基金会难以企及的条件。

二、中国留学人才发展基金会

中国留学人才发展基金会是由欧美同学会（中国留学人员联谊会）发起的，目的是推进我国“人才强国”战略的深入实施，促进留学人员事业的健康发展，其业务主管单位是中共中央统战部，2007 年 1 月 25 日在民政部注册、经国务院批准成立。中国留学人才发展基金会是面向中国大陆、香港、澳门、台湾和世界各地公众的公募性基金会。由于其本身带有统战的性质，申请登记得到了高层的高度关注，其注册、筹资有天然的优势。

该会的宗旨是：遵守我国宪法、法律、法规和国家有关规定，接受业务主管单位的指导监督；争取海内外企业、团体和人士的支持，组织募捐，接受捐赠，促进留学人员事业健康发展；协助政府有关部门开发和利用海内外人才资源与人才市场，积极吸引我国留学人员回国服务，支持留学人员自主创业，发挥桥梁纽带作用，为实施人才强国战略和留学人员工作服务。

中国留学人才发展基金会有四个专项基金，分别为人才学学科研究专项基金、生命科学研究发展专项基金、益彩专项基金、中华传统文化振兴专项基金。其业务范围是：支持海外优秀留学人员回国创业或以多种形式为国服务；推进海内外高级专业人才培养和交流，支持国内优秀高级专业人员赴国（境）外留学、进修与培训，提供与国际人才交流相关的咨询中介服务；聘请国（境）外具有世界先进技术和管理经验的专业人才来华工作，支持国外智力成果的引进、推广和人才培养示范基地建设，支持高新技术产业的研究与开发；支持和鼓励留学人才为我国贫困地区的发展服务；支持和奖励为留学人员事业做出贡献的团体与个人，奖励海外学成回国创业、为国服务并做出杰出贡献的留学人员。

从该会 2016 年和 2017 年公布的年报看，它的收入来源主要是国内社会公众捐款和承接政府委托业务，均享受政策许可范围内的各种税收优惠政策。

三、中国光华科技基金会

中国光华科技基金会是在民政部登记注册的全国性科技类公募基金会。自 1993 年成立之后，基金会以“光华科技奖”“光华青少年发明奖”等方式，奖励了 2500 余人次的科技人员、大学生及青少年发明者，累计奖励人民币数千万元。先后面向全国 39 所高等院校、93 家研究院所、8 个国家重点实验室、1 家医院资助 45 个项目，为科技事业发展做出了积极贡献，在科技奖励领域独树一帜，赢得社会的广泛赞誉。

该基金会业务主管单位为共青团中央。近年来，基金会秉承“服务、规范、创新”工作理念，注重发挥科技类基金会的自身优势，积极弘扬倡导创新精神，不断探索、锐意进取，基金会工作有了明显进展。基金会的工作领域已经从传统的科技奖励发展到涉及图书捐赠、科技创新、环保能源、设计交流、人才培训等方面。

2005 年 11 月，由共青团中央、新闻出版总署共同发起并联合主办，基金会与各图书出版发行和销售单位承办的大型公益活动“光华书海工程”在新疆成功启动。该活动旨在动员全国各图书出版发行和销售单位积极捐赠库存图书，为基层和广大农村赠书，架起图书捐赠者与需求者之间的桥梁，为建设社会主义新农村，构建社会主义和谐社会服务。该项目以其先进的公益理念和规范的操作方式，得到社会的普遍欢迎和高度认可。据该基金会年报显示，每年仅书海工程一项收入就在 4 亿元左右，是该会开展其他项目的有力支撑。

2006 年 1 月，为响应党和政府提出的全面提高中国自主创新能力的号召，基金会正式启动和实施了“光华创新工程”。该活动内容包括开展一系列面向企业界、各专业领域的设计创新人才的表彰评选活动，以及针对青少年的光华创新教室和青年创业支持计划项目等。连续三年举办的“中国设计业十大杰出青年”评选活动得到社会各界的广泛关注，在设计业、特别是广大青年设计人才中引起强烈反响。

2007 年 5 月，基金会围绕“新农村建设”的主题，发起了“新农村建设支持行动”，广泛动员社会力量，为社会主义新农村建设提供资金、物资、人力资源的支持。自项目实施以来，已向全国十多个省市自治区捐赠数千万元的现金和物资，并在河南、山东、宁夏、青海建设了多个“新农村建设示范村”试点。

该基金会紧紧围绕中国社会发展需要，借助团中央的背景和平台，开展了许多出色的项目，取得了广泛的社会影响，特别是为我国贫困地区社会文化的发展做出了不可磨灭的贡献。

四、北京陶诗言气象发展基金会

北京陶诗言气象发展基金会成立于 2017 年，是在北京注册的非公募基金会。陶诗言先生是我国著名气象学家、中国科学院资深院士、中国科学院大气物理研究所研究员、原中国科学院大气物理研究所代所长、中国气象学会理事长、名誉理事长、中国现代气象学的主要奠基人之一。陶诗言先生从事科学研究七十余载，为中国气象事业做出了巨大贡献，把毕生精力献给了祖国的大气科学和气象事业。陶诗言先生生前曾表示“将部分遗产用于资助中国气象事业发展”。陶先生去世后，为完成他的遗愿，在中国气象局和中国科学院的鼎力支持和不断努力下，中国科学院大气物理研究所与陶先生家属和学生们于 2017 年 9 月共同发起设立北京陶诗言气象发展基金会，2017 年 12 月北京市民政局决定准予北京陶诗言气象发展基金会设立。

基金会的宗旨是弘扬陶诗言先生“为国为民、预报育人”的精神，致力推进中国气象事业发展。业务范围是：①支持和鼓励为气象预报做出杰出贡献的优秀预报员和为改进气象预报方法和技术做出核心贡献的气象科技人员；②资助气象科普公益活动；③资助与气象相关的国际合作与交流。

基金会的原始基金来源于陶诗言先生家属和学生们的捐赠。基金会理事会由九名成员组成。中国气象领域的知名学者、热心社会公益的人士、部分捐赠人当选为基金会理事。中科院大气物理研究所副所长陆日宇研究员出任基金会第一任理事长。监事由基金会业务主管单位北京市气象局派出。

基金会成立后已收到来自热心社会公益人士的捐赠款累计 11 万元。捐赠人希望与基金会一起用自己的微薄之力动员起社会善款，共同为中国气象事业发展做出贡献，让更多的人受益于中国气象预报和气象科技的进步成果，造福人民，造福社会。

该基金会由于得到了中国气象局和中国科学院的大力支持，申请审批十分顺利。但是，由于非公募基金的性质所限，该基金会在取得捐款方面面临一定的困难。

五、有关启示

总的来看，我国以人才发展为主题的基金会相对较少，还处于起步阶段。上述基金会有关做法和经验，为研究建立水利人才创新发展基金会提供了可借鉴的宝贵经验。

（1）高层重视是申请成功的重要因素。不管是中国教育发展基金会，还是中国留学人才发展基金会和光华科技基金会的申请成立，都得到了有关国家部委的高度重视。如，中国教育发展基金会的成立不但有教育主管部门大力支持，而且还有财政部门的大力支持，在申请过程中十分顺利。鉴于我国对基金会实行双重管理的制度，为顺利申请成功，必须得到相关业务主管部门的大力指导和支持。

（2）基金会必须有其特殊性。基金会申请成功的一个重要因素是基金会成立顺应了时代发展，能够以社会力量去弥补政府难以充分发挥作用的领域。如，中国留学人才发展基金会，就担负着联系海内外留学人才的重任，协助政府以民间方式做好统战工作。

（3）获得政府委托项目是基金会生存发展的有利条件。在争取社会捐赠的同时，努力寻求政府委托项目资金支持，对基金会的生存和发展具有十分重要的意义。中国教育发展基金会和光华科技基金会除接受社会捐赠外，同时也承接了大量的政府委托项目，这些项目的实施，既给社会带来了公益效益，也有效保障了基金会的资金来源。

（4）基金会应慎重对待慈善组织认定。如中国教育发展基金会等有稳定资金来源的基金会，其支出原本就高于慈善法的有关规定，因此被认定为慈善组织对其业务开展影响不大。但是，对于那些资金来源不够稳定的小规模基金会来讲，如在申请时选择认定为“慈善组织”，在资金支出上可能会面临一定的压力，影响其长远发展。

（5）缺乏行业支撑的非公募基金会生存较为困难。北京陶诗言气象发展基金会以行业内杰出人才的名义发起，所服务的领域事关国计民生，容易引起社会共鸣，为其发展奠定了基础。但由于该基金会缺乏必要的行业支撑，资金来源存在困难，对后续发展造成一定影响。这从一定程度上反映了非公募基金会发展面临的资金困境，需要引起我们的高度注意。

第三节　建设水利人才创新发展基金会的必要性和可行性

基金会是现代社会治理的重要补充，它通过获得无偿捐赠聚集社会公共财富，用于社会公共事业发展，在缩小贫富差距、缓解社会矛盾、维护社会公平、推进社会发展等方面发挥着十分重要的作用。成立水利人才创新发展基金会的目的，就是希望借此引入社会资金，支持水利人才培养，落实中央人才强国战略，满足新时代水利发展改革的人才需要。

一、成立水利人才创新发展基金会的必要性

“治国经邦，人才为急”。水利的发展与其他任何事业一样，首先必须培养和造就一大批水利人才。党中央、国务院历来高度重视水利人才工作，自新中国成立之初就开始着手水利人才教育培养工作，经过多年的发展，逐步形成了“以高等教育为统领，以职业教育为依托”的水利人才培养体系，为满足水利人才的多样化需求做出了十分重要的贡献。但是，这一培养体系正在经受资金投入不足的考验。可以预判，未来相当长一段时期，水利人才培养的资金投入仍然存在缺口。急需引入社会资金来扭转这一不利局面，稳定水利行业人才队伍，确保我国水利事业长远发展。

（1）成立水利人才创新发展基金会是贯彻中央关于人才强国战略的要求。党中央历来高度重视人才工作。习近平总书记指出，“办好中国的事情，关键在党，关键在人，关键在人才”。中共中央《关于深化人才发展体制机制改革的意见》强调，人才是经济社会发展的第一资源，人才发展体制机制改革是全面深化改革的重要组成部分。成立水利人才创新发展基金会，深化人才发展体制机制，完全符合中央精神，是贯彻落实中央人才强国战略的需要。

（2）成立水利人才创新发展基金会是推进水利事业发展的需要。为深入推进水利改革发展，水利部研究加快水利人才创新发展，对新时期水利人才培养做出系统安排。人才创新发展，涉及多个层面的资金需求，仅靠财政资金是难以满足需求的，亟须引入社会资金加以解决。成立水利人才创新发展基金会，有助于引导和鼓励社会资金参与水利人才培养，建立政府、企业、社会多元投入机制，为水利人才创新发展提供资金保障。

（3）成立水利人才创新发展基金会是创新水利人才培养投入机制的需要。水利人才属于国家专业技术人才，担负着实施重大水利工程建设管理和推进经济社会可持续发展的历史使命，其培养周期较长，且现代水利知识、技术更新较快，需要终身教育和学习。当前，我国水利人才培养的投入机制仍以政府财政投入为主，缺乏基金会这样的人才培养投入机制，难以满足日益增长的水利人才培养投入需要。设立水利人才创新发展基金会，有利于拓宽人才发展资金筹措渠道，创新资金筹措方式，助推水利人才发展。

二、成立水利人才创新发展基金会的可行性

（1）设立水利人才创新发展基金会符合中央关于深化人才发展体制机制改革的要求。中共中央《关于深化人才发展体制机制改革的意见》（中发〔2016〕9号）明确规定，鼓励西部地区、东北地区、边远地区、民族地区、革命老区设立人才开发基金；建立多元投

入机制，实施重大建设工程和项目时，统筹安排人才开发培养经费。我国西部地区、东北地区、边远地区、民族地区、革命老区既是水利水电建设的重点地区，也是水利人才相对缺乏的地区。设立水利人才创新发展基金会，有助于加快推进中西部地区、边疆地区、革命老区等区域的水利人才培养，有助于推进全行业人才培养，符合建立多元投入机制促进重大工程建设的有关规定。

（2）设立水利人才创新发展基金会符合慈善法及现行基金会管理政策要求。《中华人民共和国慈善法》关于慈善活动的范围，包括促进教育、文化、科学、卫生、体育等事业的发展所开展的公益活动。设立水利人才创新发展基金会，公开募捐并组织开展公益活动，符合《中华人民共和国慈善法》的规定。根据现行《基金会管理条例》，基金会是指利用自然人、法人或者其他组织捐赠的财产，以开展公益慈善活动为目的，按照本条例的规定设立的非营利性法人。对照上述关于设立基金会的申请条件，水利人才创新发展基金会完全符合有关申请要求。

（3）设立水利人才创新发展基金会有先例可循。据统计，截至2017年，我国全国性基金会共有207家，大多数是发改、民政、文化、卫生、科技等国家部委办（局）设立的。从主管单位看，民政部、科技部、教育部、文化部、卫计委等主管的基金会最多，水利部等部委最少（水利部为业务主管单位的只有“中国保护黄河基金会”）。从服务对象看，以推动人才教育发展为宗旨的全国性基金会仅有20家，人才教育类基金会亟须加快引导发展。中国留学人才发展基金会、中国西部人才开发基金会等，都由国家部委办（局）主管，是促进各行各业人才培养的重要支撑，为各领域人才培养发挥了不可替代的作用。水利人才创新发展基金会的设立正当其时，且有成功经验可供借鉴。

第四节　水利人才创新发展基金会建设的关键问题分析

一、关于基金会的分类选择

根据《基金会管理条例》规定，基金会分为公募基金会与非公募基金会两类，实行分类管理。成立水利人才创新发展基金会，首先面临基金会的分类选择，明确成立公募基金会还是非公募基金会。公募基金会和非公募基金会的根本区别在于二者的资金来源不同：公募基金会可以向社会公众募集资金；非公募基金会的基金来源于特定个人或组织的捐赠，不得向社会公众募集资金。除此之外，公募基金会和非公募基金会在原始基金标准、公益支出比例和税收等方面也有显著差别，这种差别直接影响对基金会的分类选择。

为鼓励非公募基金会的发展，《基金会管理条例》在原始基金数额上对公募和非公募做了严格区分。全国性公募基金会不少于800万元人民币，地方性公募基金会不少于400万元人民币，非公募基金会不少于200万元人民币。公募基金会的设立基金要高于非公募基金会；公募基金会中全国性的公募基金会设立基金高于地方性的公募基金会。这是成立基金会的第一道关口。

基金会的公益支出比例直接影响选择成立公募基金会还是非公募基金会。《基金会管理条例》规定，公募基金会每年用于从事章程规定的公益事业支出，不得低于上一年总收入的70%；非公募基金会每年用于从事章程规定的公益事业支出，不得低于上一年基金余额的8%。如果水利部选择成立公募基金会，必然面临每年高额的公益性支出。这要求必须有超强的募集能力和稳定的资金来源，否则就难以维持基金会的长期发展。

在选择成立何种基金会时，主要考虑两个因素：一是考虑现行政策环境，二是考虑稳定的资金来源。据了解，目前国家有关部门已停止审批全国性基金会，这意味着必须在北京市选择成立地方性基金会。此外，综合基金会资金来源等因素，不管是社会企业的关注度还是公众的支持意愿，拟成立的水利人才创新发展基金会在取得社会企业和公众的长期稳定支持方面存在困难，这意味着水利人才创新发展基金会不能选择成立公募基金会，而只能选择成立非公募基金会。

综上，新成立的水利人才创新发展基金会在类别上的最优选择是地方非公募基金会。

二、关于基金会的业务主管单位

《基金会管理条例》明文规定，基金会实行登记管理机关和业务主管单位双重管理的体制。在登记环节，登记管理机关负责基金会、基金会分支机构、基金会代表机构、境外基金会代表机构的最终审批登记；业务主管单位负责基金会及其分支机构、代表机构、境外基金会代表机构的初审。在管理环节，登记管理机关负责对基金会、境外基金会代表机构实施年度检查，依照条例及其章程对基金会开展活动的情况进行日常监督管理，对违反条例的问题依法进行处罚；业务主管单位负责指导、监督基金会、境外基金会代表机构依据法律和章程开展公益活动，负责年度检查的初审，配合登记管理机关、其他执法部门查处违法行为。

在当前政策环境下，申请成立基金会，必须找到合适的业务主管单位。鉴于必须在北京市申请成立地方性非公募基金会，将北京市水务局作为业务主管单位成为最优选择。因此，必须取得北京市水务局同意，才能具有基金会申请资格。

三、关于基金会原始基金的缴付问题

基金会的原始基金不能分期缴付，只能以货币出资。《基金会管理条例》关于原始基金明确要求，“原始基金必须为到账货币资金”，即“出资必须实缴，不能先认缴后补足”，只能是货币。所谓货币资金是指当前能有效流通的货币，发起人不能以股权、知识产权、不动产权、劳务等出资。

四、关于基金会与慈善组织的关系问题

根据《基金会管理条例》规定，基金会定义就是面向社会开展慈善活动为宗旨，本身就具备慈善组织属性。《慈善法》规定，慈善组织可以采取基金会、社会团体、社会服务机构等组织形式。因此，基金会属于慈善组织的一种组织形式，慈善组织是组织属性。基金会如果被认定为慈善组织，其每年支出必须按照慈善法的要求，不得低于上一年度收入的70%。这对于小型非公募基金会来讲会存在较大运行压力。

五、关于基金会发起人问题

《基金会管理条例》没有对基金会发起人的国籍、地区、类型等作出限制性规定，积极投身公益事业的自然人（包括外国人和港澳台地区居民）、企业法人、机关法人、事业单位法人、社会团体法人、合伙组织等都可以作为基金会的发起人。自然人和各类法人可以成为发起人，但如分公司、分支机构、代表机构这样的非法人机构因不具有独立主体资格，不能单独承担民事责任，不能成为发起人。

六、关于基金会法定代表人问题

《基金会管理条例》明确规定，理事长由基金会的法定代表人担任，但基金会法定代表人不得兼任其他组织的法定代表人，其他组织包括企业、社会组织、事业单位等。

七、设立水利人才创新发展基金会的策略选择

首先，设立水利人才创新发展基金会面临的最大政策环境就是国家正在研究对有关基金会的法律法规进行修订，有关部门基本停止了全国性基金会的登记审批。从实施策略上讲，可选择在北京市民政部门申请成立地方性基金会。

其次，鉴于地方性基金会在获得资金支持方面存在天然的缺陷，成立地方性水利基金在资金保障上会面临各种困难，综合考虑长远募集能力和年度支出比例方面等，可选择非公募而不是公募的形式成立基金会。

此外，新出台《中华人民共和国慈善法》规定，在该法颁布之前已经登记的基金会，可以去民政部门登记认定为慈善组织，新注册的基金会在登记注册时也可选择设立为慈善组织。设立水利人才创新发展基金会可以不选择定性为慈善组织，以避免《中华人民共和国慈善法》在支出比例上的刚性约束。

第十章 建议

一是将习近平总书记关于人才工作重要论述精神融会贯通于水利人才创新发展各方面全过程。认真学习领会习近平总书记关于人才工作重要论述的科学内涵和核心要义，结合水利行业特点，在人才工作理念、思路、改革举措上进行大胆实践和探索。学习借鉴国内外人才发展的最新理论成果和生动实践，着眼于多出人才、多出成果，有针对性地采取措施，促进人才创新发展。

二是建立健全有助于人才创新发展的政策保障体系。加快形成促进人才创新发展的“1＋N”政策保障体系，构建以1个纲领性文件和N个保障性政策文件为架构的政策工具包，有针对性地破解人才发展瓶颈制约。可由水利部党组研究制定促进水利人才创新发展的指导意见，作为今后一个时期人才发展的纲领性文件，重点在高层次人才的需求提出、识别发现、考核评价、激励奖励等方面，实施政策创新，激发人才创新活力。健全人才创新发展的配套政策，研究制定人才创新团队建设和管理、高层次人才遴选和培养使用、人才培养基地建设和管理、职称制度改革等方面的制度办法，提出有利于人才发展的政策措施，促使人才发挥作用。

三是建立政府、企事业单位、社会团体多元投入机制。一方面，发挥政府在人力资本投资中的主导作用，明确政府人才投入的基本职能，解决市场机制不能解决的人才投入问题。建立财政性人才投入稳定增长机制，逐步提高财政性人才投入比例，专项用于人才库建设、创新团队建设、人才梯队建设、基地建设、课题研究等。另一方面，创新机制引导社会力量参与人才投入。充分发挥涉水企业在人力资本投资上的主体作用，通过税收减免、贴息等手段鼓励涉水企业和社会组织投资人才发展，建立人才发展创新基金会，多种方式加大人才投入。

四是积极开展水利人才创新发展试点，形成可复制、易推广的经验模式。研究制定新时代水利人才创新发展的方案，优先在水利人才创新团队建设、水利高技能和基层实用人才培养基地建设等方面开展前期试点，探索积累做法和经验。在前期试点工作基础上，研究分析存在的问题，总结提炼形成可复制、易推广的经验模式，为水利行业加快人才创新发展提供有益借鉴。

五是积极营造爱才惜才用才的良好氛围。通过多种媒体、多种形式，大力宣传中央人才工作方针和决策部署，特别是进一步加大对人才创新发展的宣传力度，及时总结报道先进经验、典型做法和优秀人才。强化对人才的组织关怀，倡导尊重劳动、尊重知识、尊重人才、尊重创造观念，牢固树立以人为本的理念，充分发挥人才特长、专长，鼓励人才大胆探索、开拓创新、干事创业，努力营造让优秀人才脱颖而出、让创新源泉充分涌流、让拔尖人才竞相迸发的良好环境和氛围，激发和引导各类人才积极投身水利现代化建设。

参考文献

[1] 习近平．习近平谈治国理政：第一卷［M］．北京：外文出版社，2014.

[2] 习近平．习近平谈治国理政：第二卷［M］．北京：外文出版社，2017.

[3] 习近平．习近平谈治国理政：第三卷［M］．北京：外文出版社，2020.

[4] 习近平．决胜全面建成小康社会 夺取新时代中国特色社会主义伟大胜利：党的十八届中央委员会向中国共产党第十九次全国代表大会的报告［ROL］．(2017-10-18)［2021-06-15］. http：www. gov. cn/zhuanti/2017-10/27/content_5234876. htm.

[5] 习近平．在黄河流域生态保护和高质量发展座谈会上的讲话［J］．求是，2019 (20)：4-11.

[6] 中国共产党第十九届中央委员会第五次全体会议文件汇编［M］．北京：人民出版社，2020.

[7] 本书编写组．《中共中央关于制定国民经济和社会发展第十四个五年规划和二〇三五年远景目标的建议》辅导读本［M］．北京：人民出版社，2020.

[8] 本书编写组．聚天下英才而用之：学习习近平关于人才工作重要论述的体会［M］．北京：中国社会科学出版社，2017.

[9] 孙锐．"十四五"时期人才发展规划的新思维［A/OL］．人民论坛网，2020-11-20. http：//www. rmlt. com. cn/2020/1120/599348. shtml.

[10] 王向明．培养造就大批德才兼备的高层次人才［A/OL］．红旗文稿，2020-09-21. http：//www. qstheory. cn/dukan/hqwg/2020-09/21/c_1126520828. htm.

[11] 李明．新时代"人的全面发展"的哲学逻辑［N/OL］．光明日报，2019-02-12. https：//m. gmw. cn/2019-02/12/content_32491428. htm.

[12] 水利部人事司，水利部人才资源开发中心．2018 水利人事统计年报［R］．北京：水利部人事司，2019.

[13] 车小磊．青海："订单式"人才培养助力水利发展［J］．中国水利，2019 (19)：91.

[14] 陈施施，杨玉泉．浙江省水利行业技能人才培养模式探析［J］．浙江水利科技，2019 (4)：33-36.

[15] 董博．中国人才发展治理及其体系构建研究［D］．长春：吉林大学，2019.

[16] 尕玛达杰，旦巴达杰，祁录守．玉树州"订单式"水利人才培养模式探索［J］．中国水利，2018 (03)：64，43.

[17] 顾然，商华．基于生态系统理论的人才生态环境评价指标体系构建［J］．中国人口·资源与环境，2017，27 (S1)：289-294.

[18] 李小文．浅谈创新人才的培养和引进［J］．科学与社会，2013 (3)：35-36.

[19] 李宜馨．新时代人才分类与人才发展领导力方略探要［J］．领导科学，2020 (1)：5-14.

[20] 刘瑞波，边志强．科技人才社会生态环境评价体系研究［J］．中国人口·资源与环境，2014，24 (7)：133-139.

[21] 水利部人力资源研究院，水利部人才资源开发中心，河海大学．2019 中国水利人才发展研究报告［R］．南京：水利部人力资源研究院，2020.

[22] 孙锐，黄梅．人才优先发展战略背景下我国政府人才工作路径分析［J］．中国行政管理，2016 (9)：18-22.

[23] 孙锐，吴江．创新驱动背景下新时代人才发展治理体系构建问题研究［J］．中国行政管理，

2020（7）：35－40.

［24］ 王清义．把握新时代治水要求、造就高素质水利人才［N/OL］．中国水利报，2019－07－19. http：//www. chinawater. com. cn/newscenter/slyw/201907/t20190719_736335. html.

［25］ 王韶华，焦爱萍，熊怡．水利行业人才需求与职业院校专业设置匹配分析研究［J］．中国职业技术教育，2020（5）：22－33.

［26］ 王通讯．人才成长的八大规律［J］．决策与信息，2006（5）：53－54.

［27］ 王通讯．人才使用的科学与艺术［J］．中国人才，2007（2）：30－32.

［28］ 王兴民．"一带一路"背景下水利工程人才培养问题探讨［J］．智库时代，2019（10）：36－37.

［29］ 魏杰．人力资本的激励与约束机制问题［J］．国有资产管理，2001（8）：24－27.

［30］ 萧鸣政，张湘姝．新时代人才评价机制建设与实施［J］．前线，2018（10）：64－67.

［31］ 徐军海．构建现代人才发展治理体系的逻辑与路径：基于"主体—要素—过程"分析框架［J］．江海学刊，2020（3）：91－96，254.

［32］ 赵刚，孙健．自主创新的人才战略［M］．北京：科学出版社，2007：86－91.

［33］ 郑晓明．人力资源管理导论［M］．北京：机械工业出版社，2011.

［34］ 钟亮．水利工程卓越人才培养实践教学改革探索［J］．重庆交通大学学报：社会科学版，2016（05）：118－121.

［35］ 梁立明，赵红州科学发现年龄定律是一种威布尔分布［J］．自然辩证法通讯，1991（1）：28－36.

［36］ 刘杰，孟会敏. 关于布朗芬布伦纳发展心理学生态系统理论［J］．中国健康心理学杂志，2009，17（2）：250－252.

［37］ 陈吉胜，黄蓉生，人职匹配理论视域下高职院校就业模型的建构［J］．国家教育行政学院学报，2015（4）：37－40.

国家和有关部委颁布实施的人才发展有关政策

发文机关	政策文件	主要内容
中共中央	《关于深化人才发展体制机制改革的意见》(中发〔2016〕9号)	从推进人才管理体制改革、改进人才培养支持机制、创新人才评价机制、健全人才顺畅流动机制、强化人才创新创业激励机制、构建具有国际竞争力的引才用才机制、建立人才优先发展保障机制、加强对人才工作的领导等方面,对深化人才发展体制机制改革作了系统部署要求和指导
中共中央办公厅、国务院办公厅	《关于进一步完善中央财政科研项目资金管理等政策的若干意见》(中办发〔2016〕50号)	关于人才激励,提高间接费用比重,加大绩效激励力度。中央财政科技计划(专项、基金等)中实行公开竞争方式的研发类项目,均要设立间接费用,核定比例可以提高到不超过直接费用扣除设备购置费的一定比例。加大对科研人员的激励力度,取消绩效支出比例限制。项目承担单位在统筹安排间接费用时,要处理好合理分摊间接成本和对科研人员激励的关系,绩效支出安排与科研人员在项目工作中的实际贡献挂钩
国务院	《"十三五"国家科技创新规划》(国发〔2016〕43号)	关于人才培养方面,要深入实施国家重大人才工程,打造国家高层次创新型科技人才队伍,加强战略科学家、科技领军人才的选拔和培养,加大对优秀青年科技人才的发现、培养和资助力度
中共中央办公厅、国务院办公厅	《关于分类推进人才评价机制改革的指导意见》(中办发〔2018〕6号)	关于人才评价方面,要加快形成科学化社会化市场化人才评价机制,建立与中国特色社会主义制度相适应的人才评价制度,分类健全人才评价标准,改进和创新人才评价方式,加快推进重点领域人才评价改革,健全完善人才评价管理服务制度
中共中央办公厅、国务院办公厅	《关于深化项目评审、人才评价、机构评估改革的意见》	从优化科研项目评审管理、改进科技人才评价方式、完善科研机构评估制度、加强监督评估和科研诚信体系建设、加强组织实施,确保政策措施落地见效等方面,对深化项目评审、人才评价、机构评估改革作出系统部署和安排
国务院	《关于优化科研管理提升科研绩效若干措施的通知》(国发〔2018〕25号)	关于人才激励方面,加大对承担国家关键领域核心技术攻关任务科研人员的薪酬激励,科研人员获得的职务科技成果转化现金奖励计入当年本单位绩效工资总量,但不受总量限制,不纳入总量基数
国务院办公厅	《关于抓好赋予科研机构和人员更大自主权有关文件贯彻落实工作的通知》(国办发〔2018〕127号)	关于人才保障方面,加强对政策贯彻落实工作的督查指导,做好培训宣传工作。有关部门要加强对党中央、国务院出台文件的宣传解读。对政策性比较强的管理问题和财务制度要开展培训,建立咨询渠道。对地方和单位的好做法、好经验、好案例,要做好宣传推广

续表

发文机关	政策文件	主 要 内 容
国务院	《关于印发国家职业教育改革实施方案的通知》（国发〔2019〕4号）	从完善国家职业教育制度体系、构建职业教育国家标准、促进产教融合校企“双元”育人、建设多元办学格局、完善技术技能人才保障政策、加强职业教育办学质量督导评价、做好改革组织实施工作等方面，深化国家职业教育改革，加强技术技能人才培养
中共中央办公厅、国务院办公厅	《关于促进劳动力和人才社会性流动体制机制改革的意见》	重点从以户籍制度和公共服务牵引区域流动、以用人制度改革促进单位流动、以档案服务改革畅通职业转换等方面，畅通有序流动渠道，激发社会性流动活力
人力资源和社会保障部	《关于支持和鼓励事业单位专业技术人员创新创业的指导意见》	关于人才培养，支持和鼓励事业单位专业技术人员到与本单位业务领域相近企业、科研机构、高校、社会组织等兼职，或者利用与本人从事专业相关的创业项目在职创办企业。事业单位可以设立流动岗位，吸引有创新实践经验的企业管理人才、科技人才和海外高水平创新人才兼职
人力资源和社会保障部、财政部	《关于全面推行企业新型学徒制的意见》	关于人才培养，以服务就业和经济社会发展为宗旨，适应培育壮大新动能、产业转型升级和现代企业发展需要，大力推进技能人才培养工作，深化产教融合、校企合作，创新中国特色技能人才培养模式
人力资源和社会保障部	《关于充分发挥市场作用促进人才顺畅有序流动的意见》	关于人才发现方面，根据国家主体功能区布局，建立协调衔接的区域人才流动政策体系和交流合作机制，打破阻碍人才跨区域流动的不合理壁垒，引导人才资源按照市场需求优化空间配置。建立人才需求预测预警机制，加强对重点领域、重点产业人才资源储备和需求情况的分析，强化对人才资源供给状况和流动趋势的研判
人力资源和社会保障部、工业和信息化部	《关于深化工程技术人才职称制度改革的指导意见》	关于人才评价，通过健全制度体系、完善评价标准、创新评价机制、与人才培养使用相衔接、加强事中事后监管、优化公共服务等措施，形成设置合理、覆盖全面、评价科学、管理规范的工程技术人才职称制度
人力资源和社会保障部、财政部	《关于完善事业单位高层次人才工资分配激励机制的指导意见》（人社部发〔2019〕81号）	关于人才激励，事业单位可对高层次人才实行年薪制、协议工资制、项目工资制等灵活多样的分配形式，具体分配形式以适当方式在本单位公开
人力资源和社会保障部	《关于改革完善技能人才评价制度的意见》	关于人才评价，建立健全职业标准体系，完善职业标准开发机制，完善评价内容和方式，突出品德、能力和业绩评价。加快政府职能转变，进一步明确政府、市场、用人单位、社会组织等在人才评价中的职能定位，建立权责清晰、管理科学、协调高效的人才评价管理体制
科学技术部	《落实〈中长期青年发展规划（2016—2025年）〉实施方案》	关于人才培养，坚持自主培养开发与海外引进并举，用好国内优秀人才，吸引海外高层次青年人才和急需紧缺青年专门人才。鼓励并支持社会公益基金参与青年科技人才培育活动，鼓励科技部青年到基层一线、艰苦环境中进行挂职锻炼，开展青年干部多岗位交流，支持优秀青年科技人才到国际组织工作，鼓励青年干部到驻外岗位工作